孕 期 肌 肤 也 光 彩

坚持
时尚的态度

F WITH
FASHIONABLE
FATTITUDE

孙小yo 著

孕妈妈也要有最美丽的姿态，怀孕可以更美丽，你可以！

湖南科学技术出版社

图书在版编目（ＣＩＰ）数据

坚持时尚的态度　孕期肌肤也光彩 / 孙小 yo 著. --长沙 ： 湖南
科学技术出版社，2017.11
ISBN 978-7-5357-9615-8

Ⅰ．①坚… Ⅱ．①孙… Ⅲ．①妊娠期－皮肤－护理－基本
知识 Ⅳ．①TS974.1

中国版本图书馆 CIP 数据核字 (2017) 第 258819 号

JIANCHI SHISHANG DE TAIDU YUNQI JIFU YE GUANGCAI

坚持时尚的态度 孕期肌肤也光彩

著　　者：孙小 yo
策划编辑：李文瑶
责任编辑：李文瑶
出版发行：湖南科学技术出版社
社　　址：长沙市湘雅路 276 号
　　　　　http://www.hnstp.com
湖南科学技术出版社天猫旗舰店网址：
　　　　　http://hnkjcbs.tmall.com
邮购联系：本社直销科 0731-84375808
印　　刷：长沙市雅高彩印有限公司
　　　　　（印装质量问题请直接与本厂联系）
厂　　址：长沙市开福区德雅路 1246 号
邮　　编：410008
版　　次：2017 年 11 月第 1 版
印　　次：2017 年 11 月第 1 次印刷
开　　本：710mm×1000mm　1/16
印　　张：9.75
书　　号：ISBN 978-7-5357-9615-8
定　　价：49.80 元

序

一切都是最好的安排

EVERYTHING IS THE BEST ARRANGEMENT

早些年，如果你喜欢时尚，热衷护肤美容，爱看时尚类杂志或者浏览时尚网站，你也许会认识我，身为前《Vogue》美容编辑，我们也可能有过交流。从微信时代开始，如果你关注了"孙小 yo"，成了 100 万粉丝中的一员，并且喜欢她的内容，那么作为本人，真心感谢你！

把爱好变成工作，是我一直以来的梦想和坚持。作为美妆自媒体人，我的工作就是要帮助更多的人变美、变漂亮，解决护肤美容的误区。这份工作让我辗转世界各地，第一时间体验最新的美妆资讯和产品，采访研发人员和专家，与明星零距离接触，我的工作因为这个身份而变得精彩纷呈，同时又有那么多在背后大力支持我的粉丝，让我时刻都有很大的动力去学习，去帮助更多的人解决遇到的肌肤问题。2015年和2016年，我放缓了工作的脚步，前后生下了哥哥皮大王和妹妹西西公主，他们对我的人生产生了巨大的、美好的影响，也正因如此，我才迫不及待地想要与你们分享孕中和产后的那些事，经历与理论有着太多的不同，我就要用我的亲身经历和掌握的专业知识告诉大家孕期到底要做什么才会让你的状态一直保持最好。

前几天有个初中的同学突然加我的微信，没想到跟我说的第一句话竟然是："我是'孙小yo微信公众号'的粉丝，你的每一篇推文我都爱看，已经完全按照你推荐的产品买来用了。"听到这些，觉得很暖心的同时，我不禁在想，无论我们处在哪个年龄，爱美都是天性，都有一颗想变美的心。

对于美妆行业，我属于半路出家，毕业后从事着与此完全不相干的行业，因为工作的关系频繁往返国内外，但是一直有个习惯，喜欢在网络上分享自己的美妆心得，有的时候只是博客里面粉丝随口提了句想知道某某产品怎么

PREFACE EVERYTHING IS THE BEST ARRANGEMENT
序 一切都是最好的安排

样，我就会真的去买来使用一段时间后再分享使用感受和产品效果。直到那一年，某大刊杂志的周年活动，要帮助读者实现一个小小的愿望，我发了邮件说希望尝试一天美容编辑的工作，后来如愿来到影棚，认识了整个美容组的成员，我们交换美容心得，同时跟他们探讨了很多美容的新知识，那个时候我才发现，这样的工作才是我真正喜欢的。虽然我不是专业出身，但是我用过的产品并不比美容编辑们少，只要在专业方面勤加学习，我也一定会成为一名资深的专业人士。那一天，我也第一次体验了一把当模特的待遇，拍了大片，上了杂志。正是那一次，我的心中埋下了一粒种子：我要转行，成为资深美妆达人，把梦想和爱好变成我的职业。

哪有那么多一帆风顺，都是勤奋的积累

转行，真正做起来并没有说的那么容易。但是我是个行动派，说做就做。除了继续在网络上进行自己的美妆分享，还在编辑的介绍下，慢慢开始尝试帮杂志写稿，也偶尔跟着编辑参加一些品牌活动，听专家讲产品和科技，这

样积累了差不多一年的时间，我做了一个更大胆的决定，辞职离开已经做得不错的工作，离开华尔街，毅然投身美容行业中，哪怕是从助理编辑做起。之所以敢做如此大胆的决定，是因为我对自己有绝对的信心，而且我也想挑战自己，成为把理想和爱好作为职业的人。

一转眼八年过去了，我也从业余美妆热爱者，变成了资深专业人士。去年五月份，我正式开始运营"孙小yo"微信公众号。与做传统媒体最大的区别在于，微信的内容一经发出就会立刻有回应，哪些内容读者喜欢，哪些内容读者不喜欢，一目了然。我坚持着自己风格的同时，也在不断地进行改进，让更多的人喜欢"孙小yo"的内容，在我们的内容中找到对自己有所帮助的信息。每一次在写推文的时候，我都会问自己，我写的东西对别人有用吗？如果这一关过不去的话，甚至会让我有一种没脸见人的感觉。新媒体时代，我也做了很多新的尝试，从单纯的静态文字到动态视频，都一一尝试带给大家，成功地完成了从平面到动态的华丽转身，开始享受小yo老师的新身份。

001

第一章
岁月从未如此美好

回想自己最初的种种经历，也有过偏激和消极的心态，但是世界并没有那么残酷，人生就是这样，每个阶段都需要你去做出取舍，只要心存美好并且去努力，就一定能有不错的收获。毕竟，生活还要继续，我们都要加油！

008

第二章　孕期护肤篇
就算肌肤问题不断，我也能时刻光彩照人

孕期总体上来说，我算幸运的。前后两次孕期，我基本上也是元气满满、正能量满满，在社交媒体上跟大家倾诉怀孕的过程。其实，两次孕期，心态上也各不相同，即使遇到相同的问题，心境也不一样。

066

第三章　孕期彩妆篇
谁说孕妇不能化妆

我想说，怀孕后，千万别扔掉你的化妆包！

第四章 产后微整形篇
卸货了，肌肤好像来了新的问题

由于荷尔蒙变化而给肌肤带来的问题，会随着孕期的结束而慢慢好转，很多妈妈也经常会问小 yo 孕期结束后能不能用医学美容来帮助自己恢复最佳状态……

128

第五章
平衡人生，美出质感

对我而言，最在乎的是家庭与事业的平衡、亲情与爱情的平衡、身心动与静的平衡，甚至每一天饮食中，蔬菜与肉食的平衡。我一直觉得，自信、自在地过好生活里的每一分每一秒，以平衡的心态和状态活出质感人生，很重要！

142

结束语
带他们去旅行，看世界

第一章
岁月从未如此美好

回想自己最初的种种经历，也有过偏激和消极的心态，但是世界并没有那么残酷，人生就是这样，每个阶段都需要你去做出取舍，只要心存美好并且去努力，就一定能有不错的收获。毕竟，生活还要继续，我们都要加油！

第一节 要不要做妈妈，从来都不是一道选择题

✳ 做兼顾家庭与事业的妈妈，我可以 ✳

我向来喜欢有计划的生活，20 岁的时候出国进入常春藤盟校学习，毕业后顺利进入华尔街工作，在原来的行业做得很好的时候毅然转行，也能干得风生水起。30 岁结婚，结婚的时候就跟先生达成共识，生小孩的问题，顺其自然。一直以来，我们为各自的事业打拼，同时四处旅行，享受生活，这样的二人世界纵然美好，但是三口之家才会让我们觉得完整又完美。其实在人生的每一个阶段都会面临很多选择，得到一些的同时也会失去一些，但是不管经历什么只要我们用心对待，都是值得回味的美好瞬间。

关于二胎的问题，我们想得很清楚，两个小孩一起成长，在彼此的人生道路上有个伙伴，不会孤单。在怀妹妹的初期，哥哥刚刚一岁多，怀孕加上照顾大儿子，每天把我弄得筋疲力尽，考虑了再三，我决定先辞职，暂别美容编辑的工作。

PART 1 THE YEARS HAVE NEVER BEEN SO GOOD
第一章 岁月从未如此美好

上天关上一道门的同时，会为你打开一扇窗。因为工作的原因总能接触到各式各样的美容产品、美容仪器，经常有朋友问我，某某产品好不好用，某某产品适不适合她。交流过程中我发现不少人对一些产品存在认知误区，或是有一些好东西没有被大家认识，怀着传播美、分享美的初心，我照顾小孩的同时，开始了公众号的运营之路。

关注在一千人的时候，我们经营得粗糙一点，图没那么精致，没那么清晰，也没引起重视，大家都对我挺宽容的。

关注在一万人的时候，我们开心又紧张，那么多人看着，得经营得更精致点，内容更实用，才不辜负大家的期望。

关注在十万人的时候，有更挑剔的观众，也有更铁杆的粉丝，有高手也有小白，对我们的要求就越来越高了。内容是不是要再简练、直白点，专业的内容如何让不懂专业术语的大家都能明白，让信息变得更实用呢？就这样，我们有了第一篇关注度在10万以上的稿子，拥有了越来越多的铁杆粉丝，让我越来越相信，一切都是最好的安排。

第二节　孕育生命的过程，是如此美丽

❀ 怀孕那段时光妙不可言 ❀

原来生命的诞生和孕育，是那么不可预期，那么美妙无与伦比。二胎的时候由于西西（妹妹）太大，不止行动不便，脸也肿得像猪头，公众号的日常更新也交给阿果来运营，但是我还是会坚持写稿子，有网友在后台留言，我还是会一一回复答疑。不过随着公众号运营越来越顺利，不少粉丝留言，并问能否拍摄一些视频，这样不仅互动效果更好，学习性也更强。

随后，我们在平台上做了一个小小的调研向大家说明我的个人原因，并告知大家视频拍摄需要等到我产后，我收到了大量的支持与祝福，每个人都觉得，在这样的非常时期，暂缓拍摄与视频录制是情有可原的。可我却越来越愧疚，因为我不仅是皮皮和西西的妈妈，还是"孙小 yo"的创始人和运营者，所以理应对一起打拼的团队负责任，对喜欢和支持"孙小 yo"的粉丝们负责任。最后，我决定绝不拖延拍摄视频的时间。

就这样，我挺着巨大无比的肚子，完成了第一次的仿妆视频。由于怀孕整个人脸肿得影响上镜，最后用 gif 图发布，粉丝们不但没有批评，更多的是鼓励和赞美，那个时候我知道，就算做得不好也不可以不做。

做评测，不仅仅是提供自己和家弘的产品使用感受。为了得到最准确的数据，在实验室做对比；为了测试周期效果，有时不得不要等到一个月的时间；为了让每个人都能找到适合自己肤质并愿意一直用下去的产品，我愿意做更多的努力！

有了这样的经历，让我更加相信怀孕和事业根本不是一道选择题，我可以兼顾得很好。

　　就这样，两段孕期，我"生"下了三个宝宝——皮大王、西西公主还有公众号"孙小 yo"，完成了连自己都没有想到的突破。

　　当你们看到这本书时，皮大王已经两岁半，西西公主也已经一岁了。回想自己最初的种种经历，也有过偏激和消极的心态，但是世界并没有那么残酷，人生就是这样，每个阶段都需要你去做出取舍，只要心存美好并且去努力，就一定能有不错的收获。毕竟，生活还要继续，我们都要加油！

第二章 孕期护肤篇

就算肌肤问题不断
我也能时刻光彩照人

孕期总体上来说，我算幸运的。前后两次孕期，我基本上也是元气满满、正能量满满，在社交媒体上跟大家倾诉怀孕的过程。其实，两次孕期，心态上也各不相同，即使遇到相同的问题，心境也不一样。

SKIN CARE DURING PREGNANCY

第一节　十月皇后，好像麻烦不断

孕期总体上来说，我算幸运的。前后两次孕期，我基本上也是元气满满、正能量满满，在社交媒体上跟大家倾诉怀孕的过程。其实，两次孕期，心态上也各不相同，即使遇到相同的问题，心境也不一样。两次怀孕，一男一女，没有明显的差别，没有严重的孕吐，但也免不了各种各样的问题。共同点是，皮肤和身体状况都在一点一点地变糟糕，颈纹、色素沉淀、水肿……一样都没落下。然而，这些都算是"小儿科"。怀皮大王（大孩儿）那会儿，受尽了苦头。

❀　一、第一胎经历的那些说不尽的苦　❀

孕早期：胎盘位置有些低

大多数女生多少会在这个时候感受到身体的疲惫，孕吐、头晕，甚至比较严重的还需要去医院吊点滴。这种难受不仅仅是生理上，心理上也饱受折磨。很庆幸，这些我都没有经历，正当我以为自己正身处天堂的时候，孕11周产检的B超告诉我：胎盘位置有些低。所以剧烈运动就不要想了，尽量能躺着就躺着，少走动，一旦出现任何流血的情况就立刻到医院报到。不过一般这种情况也会随着胎儿的发育而渐渐好转。

孕中期：糖耐测试

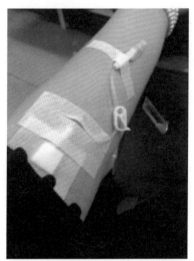

虽然还没有达到孕期糖尿病的程度，但已经很接近了。所以基本上与甜食无缘，接下来基本与水果也快告别了。不仅如此，每天还要用血糖仪扎手指，测量监控当天的血糖变化。根据每个人的情况不同，扎手指的次数也不同。因此又发展成了低血糖，低了就要适量补充。每天午饭和晚饭后还要各走路一个小时。

孕晚期：脸上皮肤的变化

　　我是很注重护肤的人，但是在鼻子以下三角区域，整个肌肤状态都处于发红、发黑的感觉，鼻子上的黑头也变得又黑又大。不过这些情况会随着孕期结束而慢慢好转。当然在问题发生的时候，我做了一些护肤程序上的调整。从洁面开始，我使用了声波洁面仪。在洁面仪的帮助下，从清洁开始让毛孔通透。每周增加一次去角质的程序，每隔 3 天，晚上进行全套护肤程序后再敷睡眠面膜。

❀ 二、第二胎还有更加意外的情况发生 ❀

　　等到第二次怀孕的时候没有了第一次时遇到的问题，所以放松了警惕，但是又伴随而来了新的问题——水肿。

　　体现在脸上，那个时候脸肿得像猪头一样，导致每次进影棚拍片都伤透了脑筋。当然如果仅仅是水肿的话，我觉得还算庆幸。当然，对付面部水肿，我很有一套。

首先，不要猛喝水，尤其在睡前特别要注意。其次，在护肤步骤里加上按摩，可以借助仪器或者纯手法，按摩的时候搭配质地稍微厚一点的面霜。

　　按摩步骤如图：把手掌横放，来回按压前额与下巴，停留 2~3 秒。手攥拳，大拇指从下巴沿着脸庞轮廓往上轻推至耳后，再向下沿着脖子至锁骨。

孕晚期：色素沉淀和水肿

腋下和颈部有了色素沉淀，我的体重更是一度飙到 80 千克，脚肿成猪蹄，肚子大到翻身都困难，由于小孩太大，耻骨压得很疼，走路都变得一瘸一拐。那段时间能躺着绝对不坐着，医生让我稍微控制饮食，谁知道我真的只是稍微控制一下，第二周去产检被告知我贫血了，小孩却将营养吸收得好好的，让我各种哭笑不得。

孩子太大，所面临的风险和考验就越多。

虽然两次孕期加起来，我经历了九九八十一难，尤其是西西公主出生体重达8690 克，属于巨大儿，但是随着两兄妹的先后降生，顺利来到这个世界，就觉得经历了所有的一切都是值得的。

第二节　你们相信女性怀孕可以变得更美丽吗

亲身经历两次孕期，我可以很负责任地告诉大家，不要因为怀孕，就放弃对美丽的追求，尤其那些所谓为宝宝健康的说辞，完全都是没有科学依据的。经历过十月怀胎，我才真正相信，怀孕是女人专属享受到的特别而又珍贵的经历。

所以，在孕期的你，请答应我，一定要跟身边的人开心愉快地度过。

❄ 一 . 孕期的你可能会有这样的问题 ❄

Q1： 要不要换孕妇专用护肤品?

　　当你听到某某护肤品系列是孕妇专用的时候，那100％是商家的一种推销手段。因为市面上所有进入专柜的保养品都是经过中国的卫生署安全检验的，所以就算怀孕使用起来也不会有任何问题。唯一需要注意的是，美白类的产品成分相对比较刺激，确实有科学证明不太适合在孕期使用，但是也不是会导致胎儿畸形的意思。因为在怀孕期间，荷尔蒙相对比较紊乱，皮肤也会比较敏感，如果这时候使用美白产品容易引起皮肤不适。就算大家在不知道的情况下怀孕，不小心使用了美白产品也不用太担心。更不用因为怀孕就把自己以前用的整套护肤品换掉，只要根据自己的皮肤变化，增加1~2样保湿类产品即可。

017

Q2：关于痘痘的迷思

刚开始怀孕的时候很多人容易长痘痘，但是怀孕期间不太建议各位使用过多痘痘膏来治疗，因为这个时期皮肤会变得比较敏感。如果有重要场合需要出席，可以使用遮瑕膏。痘痘的问题只要等生完宝宝就会不治而愈了，根本不需要因为痘痘去换一整套护肤品，不仅浪费钱，效果也不一定好。因为就算你换了也不会发现肌肤变得更好，甚至如果用了成分太刺激的产品还会让你的痘痘更严重。记住，是身体内部在发生变化才导致肌肤问题，而不是肌肤的表皮感染或是有其他什么问题。总之，护肤品治标不治本，所以建议大家在孕期只要做好保湿就可以了。

Q3：香薰类产品会导致流产？

我咨询过国内外的不少医生，他们从来没有听说过香薰会导致流产。只是孕妇适合使用一些温和的香薰，例如柠檬、薄荷、茶树油等，而比如像迷迭香、薰衣草、夹竹桃这些都是属于较刺激的香味，孕妇闻了会觉得不太舒服，就要尽量避免。孕妇流产

这个事情比大家想象中复杂很多，大多是生理的自然规律，由于胚胎不健康或其他身体状况等原因而发生的意外。

❋ 二、如何越怀孕越美丽的 ❋

怀孕以后很多人得了一种叫"其懒无比"的病！其实怀孕只是你人生一个重要的阶段，并不是让你停滞不前放弃自我美丽的借口。所以在孕期，即使遇到各种各样的问题，我们还是要将美丽进行到底。与最爱的人一起期待一件美妙的事情生根发芽的时候，你们就要吃得健康、优雅美丽、拒绝邋遢，以满满的正能量来证明：越怀孕，越美丽，我们可以！虽然怀孕的过程如此不易，但是看我，有了两次完全不一样的经历却依然正能量满满。你们要相信，跟着小yo，你们也一定可以越怀孕越美丽！

第三节 皮肤好像总有新问题
但是每一次的突发状况都有对策

❋ 一.怀孕要面对的肌肤问题太多，所以孕期护理格外重要

肌肤问题1 怀孕以后，肌肤不知不觉就变得更容易干燥了

通常情况下，形容一个人的皮肤状态好，会说有弹性，很有光泽。这个光泽可不是满脸油光，而是皮肤仿佛能滴出水来，柔软、光滑。想象一下我们洗完澡

WITH FASHIONABLE ATTITUDE
坚持时尚的态度——孕期肌肤也光彩

的样子，每一个表皮细胞都喝饱了水，皮肤光滑、水润，且富有弹性。水分不足的肌肤，根本不能顺利吸收化妆水和精华液中的营养，而且也极不容易上妆。此外，干燥的皮肤更容易被晒伤，就好比在吃烧烤时，肉干相对于鲜肉更容易烤熟的道理一样，导致发痒、发红等各种问题。

我属于非常典型的混合型肌肤，T区爱出油，两颊就还好，在秋冬季节偶尔会干燥。怀皮大王的时候初期肌肤并没有什么变化，直到进入孕中期，那个时候差不多是9月中旬，正是北京最舒服的季节，突然有一天我发现鼻子区域有些起皮，鼻子周围毛孔又奇大无比，两颊摸起来不止干干的，还有些粗糙，再也不水水嫩嫩了。

解决办法 我是属于一年四季都要用美白精华的人，所以孕期开始我也没有刻意改变这个护肤步骤。直到肌肤出现以上问题，我当即决定把美白精华换成保湿精华，不仅如此，还加上了肌底液帮助后续吸收，每天还要敷保湿面膜或者在每晚护肤步骤结束后敷睡眠面膜。

孕期肌肤干燥绝对不是个案，基本上 90% 的孕妇都有这样的问题。所以这个时候，一切从保湿做起，加大保湿的力度才是王道。怀孕后肤质会有变化，以前我用的觉得很油很腻的丰润面霜，在孕期的时候都会觉得刚刚好。孕期肌肤相对脆弱，所以在遇到任何肌肤上的问题都不要慌张，记住加强保湿这个原则就好。

如果不知道面膜怎么选，那么我们就可以用日常使用的化妆水来敷面膜：

1. 取化妆棉两片，用水浸湿后挤出大部分水分。

2. 每片化妆棉上倒入一枚硬币大小的化妆水，之后按照化妆棉的纹理一片分成两份，另一片分成三份。

3. 额头处敷两份，脸颊各一份，下巴一份。在敷好化妆棉的脸上再敷上保鲜膜，露出鼻子。

Tips 之前有买到过一种 7cm×14cm 的大块化妆棉，这样可以将眼部一同护理，不过如果加上眼部的话，选择化妆水一定是不含酒精的。这一点要切记。10 分钟左右卸掉面膜。

小40之选
因为要经常敷化妆水面膜，所以我超级费化妆水。

01

碧欧泉护肤精华露
BIOTHERM LIFE PLANKTON ESSENCE

　　从自己花钱买护肤品开始，我用过时间最久的就是碧欧泉。从大学一直到毕业后三年左右，这期间都是全套的碧欧泉，有绿色盖子的"橄榄系列"，还有粉色盖子的"抗初老紧致系列"等。这款产品属于高机能精华水，蓝色渐变的瓶子，用在爽肤水之后，精华之前，细腻肤质，让后续的产品吸收更好，一年四季都可以用，即使炎热的夏天，用起来也不会觉得黏黏的，属于使用感受非常好的产品。

总结：激活肌肤源动力

02 悠莱净透幻肤露
URARA SKIN SWITCH ON

每日护肤第一步，帮助唤醒睡意肌肤的擦拭型精华露。去除肌肤排出的老废物质（如油脂污垢、老旧角质等），打开肌肤吸收通道，提升后续护肤品的渗透及效果，赋予肌肤满满动力。

总结：打开肌肤吸收通道第一步

03 欧缇丽葡萄活性保湿喷雾
CAUDALIE GRAPE WATER

随时拿来喷一喷，尤其夏天脸被晒红的话可以用来镇静肌肤。

总结：天然有机葡萄萃取，持久保湿

04 艾诺碧碧奥生源紧致凝白精华液
IOPE BIO INTENSIVE ESSENCE SKIN CONDITIONING

质地水润，适合任何肌肤，敏感肌肤尤其适用，有效安抚敏感肌肤的不稳定状况。

总结：敏感肌肤的守护者

05
芙丽芳丝保湿修护柔润化妆水
FREEPLUS MOIST CARE LOTION

敏感肌肤适用的超温和化妆水，每次肌肤敏感时就会用这款产品。

总结：柔滑肌底，温柔呵护

06
雅诗敦活颜补水喷雾
ESTHEDERM CELLULAR WATER HYDRO-ENERGIZING

真细胞水，喷雾范围特别大，特别细密，保湿效果非常棒。

总结：肌肤能量弹

名词解释： "真细胞水" 发明专利 专利号 FR2780887B1（法国）

能被皮肤细胞确认的水，细胞活力之源。含肌肽、镁元素、ATP、SOD、矿物质及人体微量元素等成分，令其他护理成分发挥更佳。

肌肤问题 2　脸上不出油，皮肤状态也不错，怎么还是长痘痘了？

　　关于痘痘问题，我很幸运，因为在孕期并没有长痘痘，但是作为孕期容易出现的肌肤问题，在这里我们也说一说。

解决办法　孕早期很多人容易长痘痘，说实话这基本是因为荷尔蒙的变化导致的，所以孕期痘痘问题会随着孕期的结束而慢慢好转。如果想用痘痘胶，我其实不是很推荐，一般的痘痘胶有水杨酸成分，而这个时期的肌肤会变得比较敏感，用稍有刺激的产品可能会让情况变得更糟。

　　清洁方面建议搭配洁面仪来使用，美容界"黑科技"那么多，怎么可以只停留在手洗阶段。怀一胎皮大王的时候我用的是科莱丽声波洁面仪 mia 2。

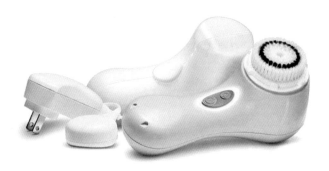

❋ 科莱丽声波洁面仪 MIA2 清洁步骤 ❋

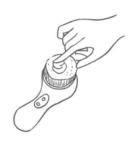

Step 1：使用眼唇卸妆液，轻柔卸掉眼妆及唇妆。

Step 2：将洁面乳均匀涂抹在湿润的皮肤或湿润的刷头上。

Step 3：按下电源键，打开声波洁面仪，选择适宜的速度。

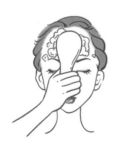

Step 4：按 T-TIMER 提示操作，用刷头轻柔地在脸上打小圆圈（前额20秒，鼻／下颚20秒，左右脸颊各10秒）。

Step 5：将多余的洁面乳用水冲掉，继续使用后续步骤的护肤产品。

肌肤问题 3 斑点，请你离我远一点

怀孕两次虽然没有中招痘痘，但在怀第二胎的时候却没能逃过"斑"的降临。

虽然长斑了，但是很幸运，只是在左边脸颧骨处长了一颗特别浅的。其实孕期长斑的问题跟痘痘很相似，主要还是孕激素的问题：女性怀孕后由于孕激素明显增加，使得黑素体的运转和扩散加快，就容易形成色素沉着，导致脸上出现妊娠斑。当然还有孕妇心理压力过大，无法正常休息，若不及时调整孕期身体状况，容易引起内分泌紊乱，从而导致妊娠斑的形成，严重的还会影响腹中胎儿的健康，所以孕妈们千万不要给自己太大压力，放宽心。此外，日晒、药物等因素也会加重妊娠斑。

解决办法 首先还是那句话，妊娠斑一般情况下会随着孕期结束经期到来而不治而愈。不过如果孕期什么都不做，斑点情况有可能变得更严重，所以还是要做一些事情来帮助肌肤缓解及控制这一现象。

WITH FASHIONABLE ATTITUDE
坚持时尚的态度——孕期肌肤也光彩

首先就是防晒。无论哪一种斑点，防晒都是很重要的，妊娠斑更是如此。其次怀孕期间，尽量争取不要过度劳累，应保持充足的睡眠、规律的休息时间。另外，饮食方面也尽量均衡，可多摄入富含维生素 C 的食物，比如草莓、蔬菜等；避免吃些刺激性过强的食物。最后，也是最重要的，保持良好的心情。

第四节　面部按摩，最有效直接的孕期护理

怀二胎的时候，悲剧的我水肿了。脸肿得像猪头一样，还有"金鱼眼"，小腿也时常觉得酸酸胀胀的。所以，在这个阶段我增加了按摩的频率。

面部排毒去水肿大法：

Step 1（图1）：用拳头关节在咬肌部位以画圈方式由内而外揉按10次；大拇指关节在鼻翼两侧以画圈方式由内而外揉按8次；大拇指关节上下揉按眉头下方10次。

Step 2（图2）：手掌根部沿着脸部轮廓从下巴滑向耳朵下方，重复3次以后，再从耳朵下方滑向锁骨位置；继续用手掌根部沿着颧骨由内向外并且从耳前滑到耳后，重复3次后再从耳后滑按到锁骨；中指和无名指指腹由内而外划过眼睑和眼睛下方，重复2次后，再由太阳穴滑按至锁骨。

Step 3（图3）：整个手掌沿着脸部轮廓从下巴向耳朵方向提拉，重复3次后保持3秒；手掌包裹住脸颊，向太阳穴方向提拉，重复3次后保持3秒。

图 1

图 2

图 3

踢走金鱼眼按摩法：

用指尖将眼霜放置于上、下眼睑，轻轻按压眉头下凹处，并在眼周慢慢滑动重复6次。

按摩棒按摩法：

提拉：轻轻按压眉头下方，向太阳穴方向轻轻提拉。下眼眶处，从眼角到眼尾，向太阳穴方向轻轻提拉。（各重复3次）

按压：由眼头至眼尾的6处进行轻柔点压式涂抹。

穴位按摩：以适宜的力度分别按压眼尾、下眼睑两处穴位各3秒。

瞳子髎

按摩棒

四白

1. 瞳子髎：有效改善皱纹　　　　　2. 四白：有效提高弹性

关于小腿肿胀，可以使用带有舒缓功效的乳液以打圈的方式按摩小腿，很大程度上能缓解腿部的肿胀。

第五节 怀孕要换专门的护肤品吗

护肤是我们一生的课题。尤其到了孕期，因为雌性激素变化异常以及孕激素的参与，一些以前没有遇到过的皮肤问题，也会"跑来添乱"，痘痘、干燥、色斑，统统不请自来。不过，别担心，只要了解肌肤变化的原因，就能找到对策。两次孕期，我几乎没有改变以往的护肤程序，当肌肤状况出现变化时，我只是有针对性地调整了护肤品。

我的基本原则就是：放松心情，早晚做好温和的清洁工作，使用帮助水油平衡的保湿产品。让肌肤水分充盈，肌肤本身就不需要再分泌油脂来解决干燥问题了。

01

科莱丽声波洁面仪 Mia Fit

CLARISONIC SONIC CLEANSING MIA FIT

一胎的时候用的是科莱丽的 aria，不过后来好像停产了。二胎的时候换成了 mia fit，非常小巧。夏天，皮大王总是被蚊子咬，叮过的地方经常红肿，好几天下不去。好朋友 Seraph 推荐我试试这款洁面仪给宝宝用，能很温和的清洁毛孔，先在宝宝被叮过的红肿的地方刷一会儿，然后再涂药膏，消肿就会很快。皮大王自从电动牙刷上瘾后，对这种高科技电动的东西都要求自己上手。清洁后我给他涂了 kingnature 的青蒿芦荟精华凝露，结果真的很神奇，第二天一早基本就消肿了。顺便推荐这款 **kingnature 青蒿芦荟精华凝露**，特别温和，孕妇和小朋友都可以用，消炎、祛痘的效果都不错。

02
斐珞尔露娜^{TM}(LUNA^{TM} 2)净透舒缓洁面仪
FOREO LUNA 2

　　Foreo 的 Luna2 也在这段时间一直陪伴着我。除了两支洁面仪交替使用，luna2 还被我拿来做按摩用。一面清洁，一面按摩，帮助后续保养品吸收，效果非常好。

03
芙丽芳丝净润洗面霜
FREEPLUS MILD SOAP

　　非常温和的洗面奶，之前在肌肤敏感的时候也会用。所以如果准妈妈们在孕期皮肤闹情绪，就完全可以使用芙丽芳丝的产品来试试。

总结：氨基酸泡泡洁面

04

珊珂 绵润泡沫洁面乳

SENKA PERFECT WHIP

从大学开始一直用到现在，性价比特别高，洗完也完全没有紧绷感，所以经常会囤很多，跟其他洁面产品换着用。

总结：泡沫丰盈，清洁与滋润

03

24K 纳米金毛穴清洁器

The Beautools Rocklean Premium

基础清洁做好了，毛孔的问题还在怎么办？试试 The beautools24K 纳米金毛穴清洁器，24K 纳米金刀头震动清洁毛孔，推动生物电流，缓解肌肤问题。

总结：清洁、保湿、提升一步到位。

防止肌肤干燥，是爱美准妈妈的必修课，重要程度五颗星！

因为孕期雌性激素不平衡，肌肤容易受影响，因此在孕期我饱受肌肤干燥之苦，甚至出现了干痒、蜕皮等症状。因此，在保湿方面我额外加大了力度，来确保肌肤处于润泽状态。要知道，一旦基底细胞水分充盈排列整齐，那么乱七八糟的肌肤问题就无"可乘之机"啦。每天晚上睡前我会特别添加润泽度更高的面霜，帮助更好地锁住水分，抗衰老的产品我也坚持在用。

小 40 之选
强韧肌底与抗氧化同步

01

香奈儿蓝色肌底精华

CHANEL BLUE SERUM

　　启动肌肤 "乐活机制"，短期来说能获得舒适的使用感，驱散肌肤的不适，吸收度极好；长期使用则能维持肌肤青春态，改善肌肤亚健康的状况。

总结：肌肤自然焕活生机

02

瑞士 Kingnature OPC24
焕颜防护日霜 / 修护晚霜

KINGNATURE OPC24 day cream/night cream

　　透过珍贵的瑞士冰川水和品牌独有的野樱莓天然植物珍萃及 OPC 卓颜分子，能全面对抗肌肤各种问题，每天带着它入睡，次日总能让肌肤呈现睡的饱饱的状态，让精气神全面迸发。日防护夜养护，舒缓肌肤微发炎，强化肌肤屏障，抵抗肌肤岁月痕迹。。

总结：抗氧化，保湿抗老一步到位

039

面膜是好多明星的最爱，据说范冰冰一年要用掉 700 张面膜。的确，面膜是能在短时间内迅速改变肌肤水分状态的神器，同时也是让"有效护肤成分"集中被吸收的好帮手。所以，不管孕前、孕后，我始终没有停止过敷面膜这件事。

　　我应该算是面膜狂人，家里如果面膜少于 200 片就会开始抓狂兼补货。罐装的面膜更是不知道用了多少，想来也有 100 多种吧。保湿、美白、紧致抗老、控油祛痘……只要市面上有卖的，统统逃不出我的"魔爪"。

　　当然，有些很鸡肋的面膜，我会给足机会，用它个三五盒才会彻底"打入冷宫"。有些面膜立竿见影当然就会一辈子用下去，除非有一天停产了。在孕期面膜的选择上，建议大家使用单纯的保湿、补水和清洁类面膜，避免不必要的刺激。总之，孕期护肤，少刺激，主打温和牌就对了！

小 40 之选
"面膜狂人"的最爱产品

01

海蓝之谜提升紧致精华面膜

LA MER LIFTING AND FIRMING MASK

这是一款睡眠面膜，绝对是我孕期里的最爱。

怀孕初期特别懒，各种不爱动，但是抱着"怀孕不护肤，烂脸一辈子"的信念，我开始找各种睡眠面膜来用。这款面膜的味道是如腊梅一般很清新的海洋味，不像精华面霜那样一股浓浓的雪花膏味，质地如果冻般细滑，又像慕斯一样细腻。有专用的刷子，蘸取面膜均匀的涂在脸上。买的时候BA（产品经理）说用完面膜后再用面霜按压全脸吸收，这样也算是一种密集修护吧。但是那段时间比较懒，基本就水和精华后涂完面膜就睡了。

有人反映"搓泥"，我倒没有这个烦恼。尤其孕期那会儿，好像吸收能力特别强，用啥都是瞬间被皮肤"吃掉"。记得第一次用的时候赶上夜里起夜，去洗手间顺便照了下镜子，发现脸上本来涂了一层厚厚的面膜基本上变透明了，用手摸起来那叫一个滑，于是迫不及待的回去继续睡。

这款面膜还有一个功效就是治愈换季的敏感肌肤红肿。有段时间频繁出差，我从热带地区飞向又干又冷的北半球冬天，肌肤就开始有点儿不听使唤，开始红肿加脱皮，晚上我就用了这款面膜，隔天红肿就基本淡化了，这款面膜对付过敏、局部干痒、红肿的肌肤问题还真是有一手。

总结：强大修复力，适用于换季敏感肌肤舒缓镇静，保湿、紧致、淡化细纹一步到位。

02

娇兰御廷兰花卓能焕活面膜

Guerlain ORCHIDÉE IMPÉRIALE MASK

御廷兰花全系列都是我的最爱！御廷兰花系列我一直是成套用的，
这一套只要不是"大油皮"，无论你是哪个年龄都一定会爱上它，尤其在
天气寒冷干燥的地区就像万金油一样。

如果你是干燥肌肤，可以厚敷过夜，因为这款绝对值得让肌肤经历一
夜慢慢吸收；如果你是混合油性肌肤，可以薄薄一层静敷 10~15 分钟，
按摩帮助吸收后再用化妆棉把多余的擦掉，不用洗。两种方式在隔天的时

候都能感受到"砰砰"弹力的肌肤，对抗干燥、补水补油、烫平干纹的效果绝对一流。

还有一点就是毛孔问题，其实大家都知道毛孔大小是没办法改变的，但是用了这款产品后就会感觉本来圆圆的毛孔变成了椭圆形，就连我妈这个年纪的人用后也觉得毛孔看起来有很明显的改善，说实话这一点大大超出了我的预期。涂的时候我喜欢用这个刷子，感觉比手来得均匀。

总结：干皮的全效抗老不二选择。

03
欧舒丹蜡菊赋颜面膜

L'occitane IMMORTELLE DIVINE CREAM MASK

本来我以为欧叔叔家卖得最好的是身体系列呢，没想到我身边很多朋友都在用欧叔叔的面部产品，可以说这绝对是个性价比超高的良心品牌。

我使用这款面膜的初衷是因为那个可爱的按摩工具。我有搜集各种按

WITH FASHIONABLE ATTITUDE
坚持时尚的态度——孕期肌肤也光彩

摩工具的习惯，一般晚上洗完脸，闲着没事我就会一边看电视一边给脸做按摩，各种提升肌肤的按摩，谁叫"地心引力"太可怕呢。

这款产品质地是比较厚重的白色霜状，味道闻起来很像香菜和芹菜的混合味，蜡菊系列都有这个味，提神醒脑。面膜在脸部肌肤上特别好推开，手掌和肌肤之间触感细腻轻盈不拉扯，这种细腻的霜感觉在一分钟后就变成了油；这个时候我再用原装配的按摩棒在脸部的各处穴位上按压，帮助吸收；最后再用纸巾擦掉，脸就跟抛了光一样滑溜溜的。

不仅如此，对肌肤紧致提升的效果也是不错的，用了一段时间感觉法令纹变短了一些。

总结：高性价比，可以做按摩膏的集中去角质提升紧致于一身的面膜。

希思黎黑玫瑰面膜
SISLEY BLACK ROSE CREAM MASK

光闻着味道就很爱，像希思黎（Sisley）这种纯植物成分的产品，一闻就觉得是很高级的植物味道，几种植物混合后还是让人觉得舒服。

纯植物产品没有那么立竿见影，但只要坚持下去一定会越来越好，属于用着用着就爱上了的类型。

还有，这款产品能消肿！消肿！消肿！重要事情说三遍。不少女生在例假期间脸部就爱浮肿，我就是这样，用黑玫瑰来按摩，效果棒棒的。

总结：不怕熬夜，消水肿，无敌好气色。

05

馥蕾诗红茶塑颜紧致睡眠面膜
FRESH BLACK TEA FIRMING AND LIFTING OVERNIGHT MASK

这款产品一上市我就买了，也是个性价比高的良心品牌。睡眠面膜是懒人福音，洗完脸涂上就睡了，敷多厚都能吸收，经过一整晚的吸收，第二天一早看完真心想亲自己一口，洗完脸以后完全不干。而且对晒后肌肤也可以起到舒缓镇静的作用，保湿效果更是没得说。

总结：不知不觉中，肌肤就变得很嫩。

06

怡丽丝尔优悦活颜弹润睡眠面膜

ELIXIR SUPERIEUR SLEEPING GEL PACK W

弹润睡眠面膜是可以涂着入睡的 Q 弹啫喱，肌肤在睡眠中舒缓并修护，清晨肌肤充分感受柔润弹嫩的紧致与光泽。

总结：美肌微粒修护肌肤，一觉唤醒弹嫩水玉光

名词解释：水玉光

从肌肤的明晳感，透亮感，光泽感的位置和范围进行判断，存在着一种默认的理想型美肌。

07

宠爱之名亮白晶化生物纤维面膜

FOR BELOVED ONE MELASLEEP WHITENING BIO-CELLULOSE MASK

这是我唯一一款连孕期也没有换的美白面膜。生物纤维材质，完整贴合肌肤，下压力十足，精华液超级多，会有种一点一点被压进渗透肌肤的感觉，孕期有的时候感觉面色灰蒙蒙，每周敷一次这款面膜来改善肤色。

总结：独创生物纤维材质，能与肌肤零距离贴合，一滴精华都不浪费。

没有认真做好防晒措施的准妈妈，可能会发现自己比平时更容易被晒出斑，这不意外，准妈妈的雌激素水平比平时高，黑色素沉淀的概率也会跟着增加。而一旦怀孕，很多准妈妈会自动停掉防晒步骤，自然就两颊"斑驳"啦。所以，孕期的防晒，比平时更重要哦！

小40之选
孕期防晒很重要

01

希思黎全日呵护精华乳

SISLEY ALL DAY ALL YEAR ESSENTIAL ANTI – AGING DAY CARE

防护产品中我最爱的是这款，用特有的成分抵御 UVA 和 UVB 的侵害，而且产品质地很轻薄，味道也很好闻，希思黎（Sisley）的味道一闻就是很高级的植物味儿，有些时候仅仅只是被这个味道吸引着也想一直用下去。怀皮大王的时候在肚皮上涂了这款产品，然后去医院产检，B 超

孙小 yo 空瓶记

扫码观看完整视频

的时候就怎么也照不出来，当时那个场景超级搞笑。后来把这个擦掉了才行。瞬间觉得真的防辐射都行，还怕雾霾吗？

总结：构建抗衰老屏障，协助肌肤对抗引起老化的外部刺激。

兰嘉丝汀悦阳舒爽倍护娇容防晒乳液

LANCASTER SUN CONTROL HIGH PROTECTION OIL-FREE SOOTHING FACE EMULSION

全光谱淡斑防晒霜，抵御光线从紫外线到可见光及红外线，给肌肤最全面最完善的防护。

总结：全光谱防晒科技，清爽无油，美白防晒，敏感肌肤可用，柔润哑光质感。

第六节　有件事我很想说，关于头发的

✳ 一、一头秀发只能"清汤挂面"或一剪了之吗 ✳

任你平时再百变的发型，在孕期都会停下脚步。在怀孕期间，很多准妈妈都选择了超短发，"清汤挂面"头也多半在脑后随便绑个马尾，但是孕妇可不是邋遢的代名词，就算绑马尾也要绑出花样，绑出我们的气势。既然染发已经叫停，我们就用几款马尾来美美地度过孕期。

我们先来打造基础款马尾，因为之后所有的变化都是在这款马尾之上。

step1：要用梳子反复梳头发，梳顺为止；

step2：然后用手将马尾抓到后脑勺，切记将发尾打结的头发理顺；

step3：取出皮筋并左右两端各固定一个卡子，将一端卡子固定在后脑勺中间位置，左手固定，用右手拉拽皮筋以顺时针方向扭转皮筋，大约扭转 4~5 圈，然后固定另一端卡子到头发上；

step4：取出一片头发缠绕在皮筋上，头发会形成一条硬硬的发条，然后将扭转的头发往下压，将头发贴近头皮往上折，最后用卡子固定。

丸子头的三种做法

扫码观看完整视频

STEP 1

STEP 2

STEP 3

STEP 4

少女感十足的丸子马尾

用卷发棒将头发做卷梳松散，就能营造出蓬松的感觉，然后将头发半梳，梳出一个半丸子，瞬间即可营造出俏皮甜美的少女感。

复古的灯笼马尾

这款马尾属于跨界，进入了发辫和发髻的领域。

1. 先涂抹上大量的定型啫喱，然后在脑后较高的位置扎成马尾。

2. 每隔一段距离加一个橡皮筋，然后把两段之间部分马尾里的头发拉起一些呈拱形；或者把系了橡皮筋的马尾从下面折回并固定，变成类似一条发辫的样子。

俏皮小发辫

将头发梳得松散，然后编织成可爱的三股辫，活泼俏皮感十足。

张扬马尾

头发梳松散并夹直，然后加入彩色发条，可橘色、紫色、黄色、蓝色，张扬个性，度过一个五彩缤纷的夏天。

✳ 二、孕妇和脱发真的不分家吗？ ✳

女性头发的更新与体内雌激素水平有密切关系。怀孕期间有些妈妈体内激素水平发生很大的变化，可能导致脱发。

怀孕之前我一直没有过任何脱发的问题。我的发量特别多，所以我认为就算孕期会遇到脱发问题，我也不怕。

孕期的时候去做了下头发测试，面对放大了 200 倍的头皮图像，我竟然也是敏感头皮，可是我平时一点都没察觉到，也没有人会观察得这么仔细。检测仪器不仅可以看到可怕的红血丝，还有硅酮沉积下来的厚厚的不通透的附着物在头皮上。发丝质量也不乐观……出现了很多发芯空洞，头发外面的荧光保护膜也很少。

不过，孕期脱发是怀孕期间的正常现象，生完孩子身体内分泌恢复正常以后，头发也会渐渐恢复到以前的状态。准妈妈们千万不要焦虑，毕竟，这个时期的心态良好最重要。

相比于孕期没有任何脱发烦恼，但随着产后哺乳期的到来，这才是我脱发的开始。差不多二胎产后 3 个月，我中招了，喂着奶的时候头发就大把大把的掉，还好我的发量够多。发生这种事情的时候，我也没慌，首先觉得任何孕期、产后的问题一般都会随着孕期、哺乳期结束而慢慢好转。其次又开始使用防脱发洗发水，同时使用可以帮助强韧头发的护发产品。同时保持良好的心态，去医院做了激素水平检查，在医生的建议下饮食上补充蛋白质和血红蛋白，配合充足的睡眠，也开始慢跑来帮助舒缓压力，改善焦虑情绪。

01

馥绿德雅复合精油强健洗发露
RENE FURTERER FORTICEA SHAMPOO

孕期把洗发水换成了这款既温和又有针对性的产品，同时按摩头皮来加速血液循环。毫不谦虚地说，孕期我真的没有脱发，头发一如从前茂密。

总结：强健发根，赋活新发。

02
淳萃珍宝原蜜修护强韧免蒸发膜倒膜
ULTRA DOUX HAIR MASK

基本上用这款发膜代替护肤素，含有蜂王浆、蜂蜜和蜂胶，味道有一点甜甜的感觉。

总结：损伤修复强韧秀发。

第七节 妊娠纹，请绕道

　　妊娠纹是皮肤过度拉扯造成的现象，过度减肥也有可能会造成这种纹路。而怀孕期间因为荷尔蒙的改变，会更容易让妊娠纹出现。大家想想看，把肚皮撑到这么大，怎么可能一点影响都没有呢？ Baby 膨胀的同时也会让肌肤的弹力纤维和胶原纤维受到损伤，甚至断裂！一开始可能是一个红点，然后慢慢会开始形成一条线，一般是波浪花纹状的。等到分娩后，花纹会渐渐的变成白色， 而一旦形成了之后，需要做激光来清除。不但价格不菲，而且也不保证能完全去除掉。大部分产后的妈妈都还抱着"我之后还想穿比基尼"的想法，怎么可以允许自己留下这么难看的疤痕呢？

❋ 什么样的人会长妊娠纹？ ❋

　　这个跟肤质有很大的关系，也跟遗传也有很大的关系。我妈那个年代几乎没有什么人知道或是在乎妊娠纹这种东西，我妈和小姨都没有涂过任何的妊娠霜，可是我小姨没长过一条妊娠纹，但是我妈妈就有。而我另外一个朋友，她得知自己怀孕以后几乎每天都在涂抹妊娠霜，可是怀孕6个月左右肚皮上还是长了妊娠纹。如果想知道自己是不是会长妊娠纹的肤质，可以问问妈妈，或是姐姐，看她们怀孕的时候是否有长。另外，如果你本身皮肤是属于干性肌肤的话，要特别注意！

　　知道怀孕以后，我立刻就想到妊娠纹的问题。也买了好多产品来用，一般在去纹霜的选择上可以参考以下几个方面：

1. 质地

　　妊娠纹霜的质地和一般的保养品差不多，分成乳霜、乳液，还有精油状。大家可以按照自己的需求来选择，不管你是什么样的肤质，我的建议是三种质地都最好备上。和脸部肌肤保养不同的是，身体上的保养不是按干燥、敏感、混合、油性来分的。大多数身体的肌肤都是中性，少数肌肤是偏干或是敏感。而市面上大部分妊娠霜都是主打天然的，所以不太会造成敏感的现象。

怀孕早期（1~3个月）：肚皮的拉扯不是很严重，这时候只要涂上乳液状的妊娠霜让它保持湿润就可以了，可如果你本身肌肤极度干燥，可以使用乳霜加强保湿的效果。

怀孕中期（4~6个月）：开始显怀了，肚子一天比一天大起来，这时候就有需要换成霜状的妊娠霜了，而肌肤干燥的女生就需要使用油先按摩，再擦妊娠霜。

怀孕晚期（7~10个月）：不管你是不是干性肌肤，这时候都应该开始使用按摩油按摩了。以前一直以为中期就该开始使用，不过很多人说如果中期肚子还不是特别大的时候其实还不太需用，7个月开始再用也不晚。

2. 香味

很多品牌的妊娠霜都有自己独特的味道，比如帕玛氏（Palmer's）就是椰子味道，小蜜蜂（Mama Bee）就是蜂蜜的味道，娇韵诗（CLARINS）就是很淡的精油味道。怀孕时，很多孕妇都对味道非常敏感，不要因为别人说好用就盲目购买，要先确认这个味道是不是你能接受的。

3. 成分

市面上很多妊娠霜的成分都是大同小异，所以各位不用在品牌上过于纠结，只要口碑还不错的、成分是全天然的妊娠霜就 OK! 一般含有的成分会有霍霍巴油、乳木果油、橄榄油、椰子油、维生素 C、维生素 E 和胶原蛋白等。

小 40 之选
妊娠纹也不需要烦恼

01

娇韵诗调和身体护理油
CLARINS BODY TREATMENT OIL- TONIC

对于油状的产品，我的印象是只需要一点点就可以涂全脸，可是没想到用到身体上完全是两个概念！第一次使用的时候发现需要用到很多精油才可以按摩至全身，和普通的橄榄油比，它确实清爽很多，也比较容易吸收，如果不习惯使用油状的姑娘们，可以等到怀孕后期再用也不迟。娇韵诗的味道我还是很接受的。当时也用过百洛油，但是对比起来味道太刺激了，到怀孕后期全都换成娇韵诗了。

总结：质地轻盈，快速被皮肤吸收，紧致肌肤。

02

米欧胸部紧实按摩乳霜

MAMAMIO BUST PROTECTION CREAM

在欧美国家的孕妇圈红翻天的品牌，很多好莱坞女星都在杂志里面介绍过，纯天然成分，不含防腐剂，所以记得要尽快用完。这款产品是我目前遇到唯一一款涂完后有紧实感的产品，而且也比较好推开抹匀。它有罐装和管装的两种，使用上非常方便。虽然说它是霜状的质地，可是完全不油腻，和我之前用的帕玛氏（Palmer's）相比简直容易吸收太多了。它的味道也是有微微的淡香，不是那种刺激的味道。

总结：紧实的同时预防胸部下垂和色素沉淀。

如何使用去妊娠纹产品才有效?

1. 用量要足够

去妊娠纹产品价格不低，有些妈妈觉得要省点用。但很多时候，正是因为用量不足，祛纹产品才没起效。怀孕时，腹部肌肤被剧烈拉扯，需要大量的润肤霜才能让肌肤保持滋润。皮肤保持滋润才能让它的延展性增强，否则会出现瘙痒，接着皮下组织所富含的纤维组织及胶原蛋白纤维经不起扩张，很容易就断裂而产生妊娠纹了。所以，擦妊娠纹霜时最好抹 2~3 遍，以确保肌肤吸收到足够的营养成分，经得起拉伸。

2. 坚持每天涂抹

即使用量足够多，但没有坚持每天涂抹，妊娠纹仍然有冒出来的风险。涂抹几次之后就没有坚持，最后钱花了却没有得到预想中的结果。对于怀孕中的女性来说，可以把胎教和涂抹妊娠纹产品结合在一起做。胎教中很重要的一项就是与胎儿进行互动，触摸、安抚是非常有用的途径之一。孕妈对胎儿进行抚摸，不仅能让宝宝感受到妈妈的爱，还能让孕妇自己心情放松。胎教和涂抹妊娠纹霜一样都需要按摩，所以合在一起做可以一举两得。产后的妈妈可以把妊娠纹产品放在浴室显眼位置，或者放在每天都使用的护肤品旁边。

3. 睡前进行按摩

早上 8:00~12:00 时，肌肤的活力达到顶峰，此时最适合进行妊娠纹预防护理了。不过，现代医学也证明，夜晚肌肤细胞的再生、代谢能力是白天的 2~3 倍，新陈代谢功能从晚上 10 点开始到凌晨 2 点之间更加活跃，这时进行肌肤护理可以提高肌肤的营养吸收功能。所以，睡觉前进行预防妊娠纹的护理和按摩也是不错的选择。每晚临睡前，仰卧在床上，将双手抹上按摩油，然后捧住胎儿，按照从上到下，从左到右的顺序慢慢按摩 10 次。刚开始一周最多 3 次，一个月后就开始每天都坚持，每次时间在 5~10 分钟。

说到孕期的身体护理，妊娠纹的预防绝对是重中之重，也是很多准妈妈非常担心的问题。毕竟，谁也不想生完宝宝还附赠一个"西瓜肚"！

所以，怀皮大王那时候，我从怀孕 3 个月开始，已经迫不及待地涂抹防妊娠纹油。无论如何，我都坚持每天 2 次，从肚子延展到臀部，包括大腿内外侧，涂上厚厚的一层，并配合按摩手法让肌肤充分吸收。就这样，我在一胎孕期里一共用掉了整整五大瓶！当然妊娠纹的产生和遗传有一定关系，但我相信只要你能做到坚持、用心呵护，那么经过护理的肌肤状态和听之任之的肌肤状态一定会有天壤之别。

不过，孕妇特别容易"懒癌"附体，二胎的时候到了后期，肚子真的是跟吹气一样，太大了，导致我行动都不是很方便，只是觉得躺着或者靠着沙发才舒服，加上一胎一点妊娠纹都没有，就暂时轻视了妊娠纹这个敌人。结果可想而知，妊娠纹爬上了我的肚子。

小 YO 对策
三大绝招向妊娠纹说"不"

1. 一定要从心里重视妊娠纹这个敌人，因为它实在太强大了。从一开始就认真涂润肤油，坚持比什么都重要。

2. 注意饮食调养。补充一些富含蛋白质、维生素的食物，增加肌肤弹性，但是切忌吃多，肚子太大更容易成为腹部肌肉拉伸的隐患。

3. 可以借助外力。比如托腹带，可以帮助承担腹部重力的负担，减缓肌肤过度地延展拉扯。以上三点说起来容易，能坚持下来更是需要强大的意志力。

MAKEUP DURING PREGNANCY

Part 3

第三章 孕期彩妆篇
谁说孕妇不能化妆

很多年轻的准妈妈已经意识到了孕期护肤的重要性，但对于孕期能不能化妆，仍然有不少人抱着怀疑的态度。其实，关于这个疑惑，我们看看那些挺着大肚子，却依然站在舞台上的艺人们就知道了！事实上，偶尔化妆是不会影响胎儿的正常发育和健康的，不过选安全的产品很重要哦！其实，适当的淡妆反而可以令你看起来神采奕奕，面对大家的赞美，心情也会更加美丽呢！

第一节　为什么别人怀孕穿高跟鞋又化妆？
孕妇到底能不能化妆

❋　**我想说，怀孕后，千万别扔掉你的化妆包！**　❋

很多年轻的准妈妈已经意识到了孕期护肤的重要性，但对于孕期能不能化妆，仍然有不少人抱着怀疑的态度。其实，关于这个疑惑，我们看看那些挺着大肚子，却依然站在舞台上的艺人们就知道了！事实上，偶尔化妆是不会影响胎儿的正常发育和健康的，不过选择安全的产品很重要哦！其实，适当的淡妆反而可以令你看起来神采奕奕，面对大家的赞美，心情也会更加美丽呢！

关于高跟鞋的问题，并不是高跟鞋本身不能穿，而是有的时候怕穿高跟鞋不稳会摔倒。不过，相信很多妈妈有这样的感受，跟孩子在一起的时候多数都是高跟鞋变成平底鞋。

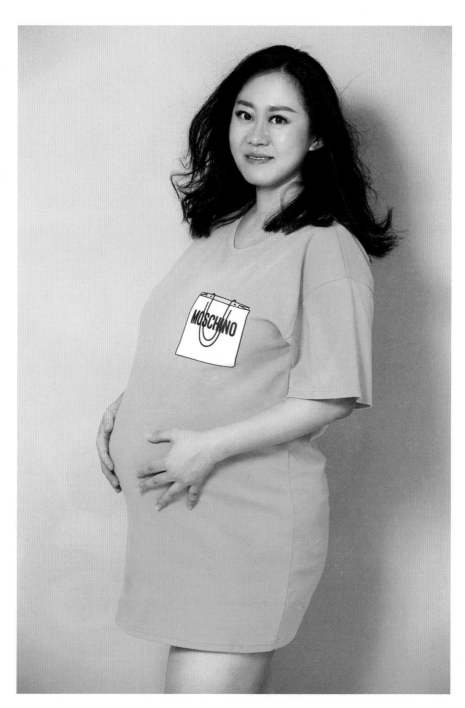

01

Roger Vivier Chips（罗杰维维亚）

　　这是我怀皮大王的时候买的第一双平底鞋。在那之前，我都穿高跟鞋，各种各样的款式。这双鞋个人感觉会偏大半码，也就是你平时穿 37 码，这双的话就要买 36 码半。上脚后简直太舒服了，基本上可以陪皮大王出去玩的时候，一双鞋一夏天。任凭皮大王跑得多快，我基本上都能追得很溜，脚下带风。不止舒服，而且耐穿，有一次北京大暴雨，我又不幸刚好在外面淋了雨，鞋子蹚水了，基本整个泡了水，但是回到家稍微把里面的水擦掉然后晾干，现在基本跟泡水之前一样。我觉得这也是为什么那么多明星爱这双鞋的原因吧。

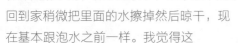

02

Charlotte Olympia Kitty（夏洛特·奥林匹亚）

　　如果实在无法一下子接受平底鞋，那么试试这双小猫鞋，带一点儿小跟儿，3厘米左右。穿着舒服，不磨脚。而且这双鞋有一种魔力，搭配服装以后，会让整套装束显得很秀气，很有女人味。对于脚肿问题也很友好，即使孕晚期脚肿也不怕。

ARMANI TO GO
THE CUSHION

第二节　孕期彩妆怎么选

现在的很多年轻准妈妈已经意识到了孕期护肤的重要性；但对于孕期能不能化妆，仍然有不少人持怀疑态度。关于这个疑惑，我们看看那些挺着大肚子，却依然站在舞台上的艺人们就知道了！事实上，偶尔化化妆是不会影响胎儿的正常发育和健康的，不过选安全的产品很重要哦！其实，适当的淡妆反而可以令你看起来神采奕奕，面对大家的赞美，心情也会更加美丽呢！那么，最关键的来了，孕期彩妆怎么选呢？

12 支大热唇膏笔试色

扫码观看完整视频

孕期妆容相关问题：底妆 + 眼唇 + 卸妆

❋ 底妆篇 ❋

底妆是决定你气色的关键。孕妈在选择底妆上应该尽可能选择成分简单、天然的化妆品，气垫粉底液就是不错的选择，既可以调整肤色，又轻薄透气，还兼具防晒功效。特别推荐阿玛尼轻垫精华粉底液，防晒、遮瑕、修颜持妆，一盒搞定。

❋ 眼妆、唇妆篇 ❋

孕期的眼妆部分，我会刻意弱化一些。通常只会画上一条美睫线加大地色的眼影，省去了睫毛膏的步骤，卸妆也会更方便一些。准妈妈需要特别注意的是唇妆，如果涂了口红，在进食之前一定要先用纸巾擦掉！

有一次产检的时候我涂着美美的大红唇，就被医生直接批评了。关于孕妇到底能不能涂口红这件事也是谣言很久了。口红本身是没有问题的，但是一般口红是由油脂、蜡质、颜料等多种化学成分组成，其含有的羊毛脂是具有较强吸附性的物质，可将空气中的尘埃、细菌、病毒以及一些重金属离子吸附在嘴唇黏膜上，喝水、吃东西时如果不擦掉口红的话，容易把这些有害物质吸入人体，从而影响胎儿健康。至于产检的时候不能涂口红，是因为医生也需要看嘴唇的颜色来判断孕妇的实际身体状况。

Tips 如果嘴唇干的话可以用蜂蜜、橄榄油等来代替润唇膏，效果也很不错。

❀ 卸妆篇 ❀

关于卸妆这件事，很多女性常常忽略。要知道，大多数洗面奶是没有卸妆功能的，然而无论多淡的妆，哪怕只是涂了防晒霜，也一样要卸妆！准妈妈更要重视卸妆这件事，因为除了清洁问题，还关系到孕期长痘这件事。另外值得留意的是，孕期肌肤会变得脆弱敏感，所以尽量避免使用去油力太强的产品，选用温和不刺激的乳霜类或者水类卸妆品。

正确的使用方式是用足够量的卸妆乳／霜，轻柔按摩脸部肌肤，然后再用流水冲洗干净。或者用化妆棉浸透卸妆水，敷在需要卸妆的部位，然后再轻柔拭去。记住，任何大力拉扯肌肤的动作都不要有哦！

小 YO 之选
卸得干干净净才能更通透

01
巴黎欧莱雅三合一卸妆洁颜水
L'oreal Paris MICELLAR WATER

无敌性价比，敏感肌肤用起来也毫无负担。

总结：轻松一抹，卸持久彩妆，洁面、滋润。

02
DHC 深层净化卸妆油
DHC DEEP CLEANSING OIL

连睫毛膏也能卸得非常干净，清洁力强劲但又很温和，使用完也不会觉得干。

总结：温柔卸出净透素颜。

第三节 好配色，才能好气色

孕期基本妆容 + 画法推荐示范

孕期最容易被说气色不好，所以在孕期我基本的妆容目的就是如何看起来有好气色。好气色能让你看起来元气满满，一个笑容就能融化所有人。饱满的苹果肌和少女系的腮红，不仅减龄还能体现出亲切的甜美感。

★妆容重点★

1. 无瑕透亮底妆会让自己看起来很干净，充满了胶原蛋白的即视感，肌肤看起来水水嫩嫩。

2. 饱满的苹果肌不可忽视，为整体妆容加分。

3. 想要减龄的少女腮红绝对是必备，元气满满。

❀　**具体画法**　❀

`眉毛`

选择与眼形相近的眉型，用浅棕色眉笔描出眉毛的轮廓。

076

WITH FASHIONABLE ATTITUDE

坚持时尚的态度——孕期肌肤也光彩

眼线：选择红色眼线笔沿着睫毛根部，从眼尾 1/3 处画向眼尾并延伸出一些。

眼影：眼影部分不要太重，使用米色来涂抹在眼皮，切记不要涂到眼睛轮廓外面。之后再用深棕色加强在眼尾睫毛根本的地方，眼妆就完成啦。

小 **40** 之选

孕期彩妆提升好气色

ANNA SUI 安娜苏魔漾森林彩盘

ANNA SUI MAKEUP PALETTE

磁石模式，可以自己挑选喜欢的颜色，最多 6 种放到彩盘里，像一个宝盒一样，画出漂亮的眼妆。

总结：一盘在手搞定全脸妆容。

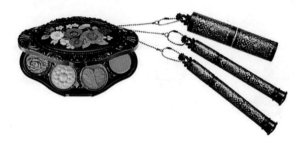

减龄腮红

　　想要画出减龄的可爱腮红请记得要在眼球正下方下手哦，用刷子蘸取适量胭脂在眼下打圈，注意腮红不要超过鼻翼的水平线，秒变可爱少女感元气色。

小 40 之选
可爱少女妆

LADURÉE 花瓣腮红
Les Merveilleuses LADURÉE CHEEK

谁说孕妇不能少女心？有颜有内涵的腮红，只需用刷子轻轻一扫，瞬间减龄。

总结：少女心炸裂的甜美腮红。

唇妆

因为要使用比较浅的唇膏，所以在此之前给唇部遮瑕一下。蘸取粉饼轻轻盖在唇部。用浅色唇膏直接涂抹在唇部，非常水润，使用简便，轻松打造嘟嘟唇。

定妆

妆容基本打造完成，使用遮瑕笔在局部地方修补瑕疵，最后再用粉饼做最后的处理，元气满满的好气色妆容就打造完成啦。

芙丽芳丝亮肤蜜粉

FREEPLUS BASE MAKE FACE UP POWDER

粉质非常细腻，粉底紧密地贴合肌肤，给予肌肤自然的透明感，塑造肌理细腻、毛孔不明显的轻柔质感的妆容。安全的成分和配方，让肌肤无负担，就连长了粉刺和痘痘的肌肤都可以使用。

总结：定妆控油，轻盈少负担。

02
纪梵希四宫格散粉
GIVENCHY PRISME LIBRE

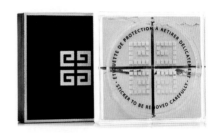

质地清透，粉质较细不堵塞毛孔，持妆效果好，能够保持 3~5 小时。肤色白皙的人可以选择带闪的色号。会有自带光环的效果。

总结：质地轻盈，妆效通透。

第四节　远离负能量，开开心心每一天

聊了很多关于孕期美丽的话题之后，我还想说，其实，准妈妈的心态也非常重要！准妈妈处在人生的特殊时期，敏感脆弱，负能量对她们而言，就像是一颗连碰也不能碰的定时炸弹。

在我一胎怀孕四个月时，去看过一场电影，原本是想放松一下。但从影院回家的路上，遇到一个熟人，她神色惊慌地拉住我说："哎呀，你怎么能去电影院？里面音响声音那么大，小宝宝生出来耳朵会聋掉的！"说着，她掏出手机搜索相

关信息，念给我听，什么孕妇看电影会导致胎儿失聪，听得我大脑发懵，一片空白，冲回家打开电脑，不停地搜索"看电影""孕妇""失聪"等关键词，结果出来铺天盖地密密麻麻的所谓专家言论，看得我整晚失眠⋯⋯

当然，宝宝出生后，听力指标一切正常。所以，我想对各位准妈妈说，远离负面网评，让健康如影随形。

等到一胎宝宝 28 周的时候，因为先生当时在国外工作，闺蜜就打算陪我一起去日本旅行散散心。在我们启程之后，我的心情真的是好了不少，还在朋友圈分享了我们的一路见闻。哪想立刻就有人评论，说什么飞机上压力大，会影响小孩，严重的还可能造成畸形等，说我真不应该这个时候去旅行之类的话。其实我准备行程之前已经和医生都咨询而且报备过的，医生都觉得没问题，但是看到这样的言论内心还是会觉得有点儿小不爽。

类似不真实的负面信息，自从我怀孕之后，无论用什么方法去抵御，它们总能从任何角落里钻出来，钻进我的耳朵，扰乱我的生活节奏，把我折磨得心烦意乱。不知为什么，我还总忍不住不停地去看。患得患失一段时间后，我学着努力克服好奇，不再看网络传闻，转而听医生和专家的建议，才终于渐渐驱走负能量情绪，孕期也因此顺利和愉悦了许多。

　　大多数的准妈妈在知道自己怀孕的那一刻都是欣喜的，我也不例外。即使身体上有任何的不适，但是想到十个月后就会有个新的生命降临，也会觉得很幸福。直到在一胎糖耐测试结果出来后，医生说我患有轻微的妊娠糖尿病。你们知道我当时什么感觉吗？崩溃、担心、恐惧，五味杂陈。我担心宝宝的健康，担心自己也会一并倒下……浮想联翩。

　　还好有家人和朋友在，他们时时刻刻陪伴着我，督促我积极面对不良反应，每天测量血糖，均衡饮食，少食多餐，餐后陪我散步，帮助糖代谢。我也随时调整自己的心态，配合医生随访。这段时间，每一次的产检都像在经历高考，检查报告出来的那一刻，心情像拿到成绩单一样，忐忑、期待、紧张，又带着一丝害怕，心里在不断祈祷好运。

　　这些时刻，多亏了家人与朋友的安慰："别担心，妊娠期糖尿病换句话说，不就是阶段性糖尿病嘛，会过去的，有我们在呢，一定没问题的！"这些每天按时按量喂进我嘴里的定心丸，成了帮助我挺过孕期一切困难最坚强的力量。

后来，慢慢地指标正常了，我们的生活渐渐步入正轨，等待宝宝的降临。

有件事情我也想特别在这里说一下，生完皮大王的时候，我深受网上的母乳言论影响，认为新生儿不吃母乳会不健康，搞得自己压力超级大，导致的后果就是母乳量严重不足，一开始还不肯给皮大王加奶粉，吃不饱的皮大王自然睡觉也睡不踏实，醒的次数也特别多，我也是花了很长时间才调整好心态，慢慢恢复正轨。

等到二胎西西公主的时候，真的是一切顺其自然，原本以为自己母乳量不足的情况下，居然实现了纯母乳喂养。所以，心态好是多么的重要呀！

亲爱的准妈妈们，如果你现在正在被莫名其妙的谣言困扰，为突如其来的孕症烦恼，我想告诉你，这一切都没有必要。孕期的不良症状大都会随着胎儿的稳定自行消失，放宽心，听从医生的建议慢慢都会好转的。孕期是每一个准妈妈必经的旅程，你可以选择提心吊胆地度过，也可以选择愉快地度过。所以，为什么不选择后者，一家人和谐快乐、安安心心、踏踏实实，一起享受生命中这无比难得的十个月呢？

所以，不要给自己过多的压力，无视那些没有依据的负能量信息吧！

083

PART 3 MAKEUP DURING PREGNANCY
第三章 孕期彩妆篇

王烨：上海复旦大学附属妇产科医院主治医师，博士，擅长中西医结合治疗月经失调、不孕症、卵巢早衰、习惯性流产等妇科常见病。

孕妇小课堂

❋ 产科医生对于孕期相关问题答疑 ❋

（复旦大学附属产科医院医院主治医师王烨问答）

Q1：怀孕可以涂口红吗？

口红本身是没有问题的，但是一般口红是由油脂、蜡质、颜料等多种化学成分组成，其含有的羊毛脂是具有较强吸附性的物质，可将空气中的尘埃、细菌、病毒以及一些重金属离子吸附在嘴唇黏膜上，喝水、吃东西如果不擦掉口红的话，容易把这些有害物质吸入人体，从而影响胎儿健康。至于产检的时候不要涂口红，是因为医生也会看嘴唇的真实颜色来判断孕妇的实际身体状况。

Q2：孕晚期水肿该如何处理？

孕妇在孕晚期容易出现双侧下肢水肿，这是由于血清蛋白偏低，水分容易外渗到组织闲隙，加上不断增大的妊娠子宫的压迫，导致下肢静脉压增高造成的。所以每天一定要进食足量的优质蛋白和蔬菜水果，提高机体抵抗力，加强新陈代谢。

卧床休息时，适当抬高下肢，特别是左侧卧位，可改善胎盘血液供应，减轻水肿；同时，适当限制食盐，睡前1~2个小时控制水分的摄入，防止水肿情况加重。另外，散步也很重要，因为散步的时候，通过小腿肌肉的调节，可以改变一些静脉被压迫现象。

如果水肿持续不消退，同时伴有头晕、眼花、头痛等病症就要立即就医，防止发生妊娠期高血压并发症等相关问题。

Q3：孕期脱发怎么办？

女性头发的更新与体内雌激素水平有密切关系。怀孕期间有些妈妈体内激素水平发生变化，因而发生掉发的现象。孕期要选择适合自己发质且性质比较温和的洗发水，按摩头皮来促进血液循环，尽量不要染发或者烫发，以免这些化学物质损伤头发。另外，怀孕期间抑郁、情绪低迷也是掉发的重要原因。

掉头发的现象，在生完宝宝以后比怀孕期间更为常见。如果掉发比孕前多，可能是因为孕酮（又称黄体酮）水平较高，原本干枯的头发可能会变得更干而产生掉发。这些一般都会随着产后差不多1年的时间慢慢好转，孕妈们不必过分焦虑和担心。

Q4： 孕期可以美甲吗？

　　最好不要做美甲。指甲油中多含挥发性的化学溶剂苯，刺激性较强，频繁使用的话，很可能在体内累积而引起慢性中毒，所以孕期不宜接触指甲油的。怀孕前三个月是属于胎儿发育的关键时期，指甲油里的有害气体（dbp 致癌的物质）特别重，需要格外注意。苯化合物已经被世界卫生组织确定为强烈致癌物质，所以医生建议，孕期和哺乳期的妈妈最好不用指甲油。

Q5： 孕妇尽可能地多吃，大补特补对宝宝真的有益吗？

　　很多传统观念里的"孕妇守则"，比如孕妇应该大补特补、多吃这种老观念，已经被现代医学否定了。孕妇要做的不是多吃，而是营养均衡地吃。

　　例如，孕前体重指数（BMI）＝孕前体重（千克）÷身高（米）的平方。比如你孕前是 55 千克，168 厘米，所以你的 BMI 是 55÷（1.68×1.68），即 19.5，属于标准体重。如果你是单胎妈妈，孕期整体的体重增长最好在 11.5~16 千克之间。

Q6： 孕妇可以使用手机或者平板电脑等电子类产品吗？

目前市面上的电子产品辐射量都是经过检测的，对人体的危害都在安全值以内，所以可以忽略不计。但准妈妈相对特殊，还是建议一天之中不要使用电子产品超过两小时。另外，久坐会影响孕妇下肢血液循环，加重下肢水肿，导致下肢静脉曲张，因此坐在座位上每到一小时应该起身运动一会儿，也让眼睛休息一下。长时间使用电子产品，孕妈妈也会觉得疲劳，损伤眼睛、久坐腰疼等。

Q7： 孕期补钙到底有多重要？叶酸什么时候吃？吃多少？

吃叶酸可以有效的预防胎儿畸形，一般在备孕前 3 个月开始服用比较好，等于是调理好了准妈妈的身体环境。

孕妈妈每天要向胎儿提供的钙质大致为：孕早期 50 毫克，孕中期 150 毫克，妊娠晚期是胎儿蓄积骨量最多的时期，需要每天提供 150~450 毫克的钙，平均每天约 350 毫克。孕妈妈一般是在孕 20 周以后医生会建议开始补钙，到了孕 27 周、28 周以后，随着胎儿迅速生长的需要，就一定需要补钙了。

Q8: 孕妇一定需要穿防辐射的衣服吗？

有在国外工作生活经验或者偶有出境旅行的朋友应该知道，国外很难看到孕妇在孕期穿所谓的＂孕妇装＂。事实上，会对细胞生长产生本质影响的仅有核辐射、X光线照射等，而我们日常接触的电视、电脑、手机、微波炉等都是热辐射，不会对细胞生长产生本质影响，而对于核辐射而言，一件小小的辐射服起不了任何作用。

Q9: 孕期可以运动吗？旅行呢？

可以。适当的运动可以增强孕妇的体力，让肌肉变得更有弹性，有助于顺产。但建议是不易过度或太刺激的运动，避免体力消耗过多影响胎儿供氧健康。可根据自己的体能做些伸展操或散步。孕初期如果胎儿情况不稳定或是孕后期临近预产时都不建议大量运动，以免影响胎儿健康，或是导致提前生产。

孕中期是孕妇整个怀孕过程中最舒适也是相对最安全的时期。因为孕早期是敏感致畸期，需要度过自然淘汰关；孕后期身体负担又太重。旅行可以帮助孕妈放松心情，愉悦情绪，如果没有强烈的不适感，如孕吐、妊娠高血压等，作为医生我们非常建议准妈妈在孕中期做适当的旅行。旅途中孕妇一定要注意饮水和饮食安全，吃了不洁的东西可能造成沙门氏菌、诺如病毒等感染，严重的话可能导致流产。

Q10: 孕妇是否可以去电影院看电影？

没有循证医学证据证实孕妇看电影与胎儿耳聋有直接关系。胎儿徜徉在子宫的羊水中，羊水起到了很好的缓冲作用；子宫在盆腹腔内部，周围有妈妈的肠管包绕，外部还有妈妈的腹壁保护。大自然已经给予胎儿层层保护与包裹，并没有那么脆弱。但我们确实不建议孕妇一直处在嘈杂的环境里，而且要避免观看太过刺激、惊悚的电影，过度紧张会引起宫缩，且孕后期久坐会让孕妇的腰产生不适感。在家躺在舒适的床上观看电影是个不错的选择。

Tips　想顺产的孕妈，自身条件允许的话可以练习深蹲和孕妇瑜伽。
准妈妈每天最好不要使用电子产品超过两小时，坐在座位上一个小时起来活动一下，伸展伸展。
孕中期是准妈妈们最舒适的时间段，不妨趁这个时间去旅行吧。

089

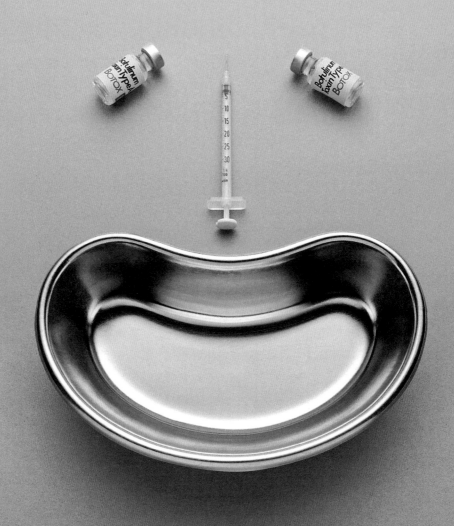

第四章　产后微整形篇
卸货了，肌肤好像来了新的问题

POSTPARTUM MICRO PLASTIC SURGERY

由于荷尔蒙变化而给肌肤带来的问题，会随着孕期的结束而慢慢好转，很多妈妈也经常会问小 yo 孕期结束后能不能用医学美容来帮助自己恢复最佳状态。

第一节 你到来的那一刻，我爱上了新的 1+1=4 的幸福

皮大王，你是如此迫不及待地来到人间。皮大王出生的时候是孕期的 38 周 + 6 天，那会儿刚好是农历春节，过年期间除了吃吃喝喝就是走亲访友，当然还有传统娱乐项目打麻将。由于是第一胎，很多事情都不了解，已经开始有宫缩了，但是间隔时间比较久所以我并没有当成一回事儿，晚上吃饭还吃得超级多。觉得肚子一直有间隔时间的疼，直到晚上快睡觉的时候觉得肚子疼得腿都软了，果断去医院。一切非常顺利，半夜皮大王降生，3520 克，当医生把皮大王抱到我的面前时，小小的软软的，还睁开眼睛看了我一眼，就是这一眼把我的心都看化了，也默默地注意到了皮大王与生俱来的双眼皮。我的眼泪一下就流出来了，这一瞬间我百感交集，但是脑子又完全空白——这真的是我儿子吗？

等到后来怀西西公主的时候，足足在我肚子里住满了 41 周，由于生之前估算胎儿体重过大，周五在我产检的时候，医生说如果下周一肚子还没有发动，那就只能住院剖了。估计是被这句话给影响了，西西公主在周六的夜里开始发动，一有动静我们立刻赶到医院，一切顺利，8670 克，我的西西公主也顺利降生。皮皮第一次看见妹妹的时候，也立刻安静下来，静静的注视，还轻轻的摸了一下

妹妹的脸。两个小孩，就这样在我面前，左看一眼，右看一眼，怎么也看不够的感觉。

每次看到他们两个健健康康睡着的样子，想到他们会一点一点长大，便觉得自己受过的这些苦都值得了，因为它们换来了 1+1=4 的幸福，这是我和先生一直以来追求的完整家庭，一切都值得。 上天赋予女人生产的权利，尤其当你体会过这一切，你才会明白妈妈在生产的一瞬间收获的幸福，胜过一切。

第二节 待产包这么准备，月子里该怎么做

❋ 关于待产包 ❋

自从怀孕我就爱上收纳，所有的小孩儿的物品，只要没有塑封，或者是清洁消毒完的，我都必须要用塑封袋才行！从皮大王的待产包，到西西的待产包，都是用了塑封袋，消毒完了放进去，保持干燥和卫生。两个孩子在成长过程中所有的收纳也是这样来整理的。

宝宝篇

纸尿裤

两个小孩一直用的"日版花王"，小姨定居日本，所以每次都是她帮我们购买之后快递回国。中间有段时间我们住在东南亚，那边花王特别少，还都被华人妈妈抢着买，而且东南亚天气比较热，我们就在当地用了"尤妮佳"和"大王天使"，当地的进口超市里面就有，价格比国内买还要便宜一些呢。

和尚服和袜子

出生的婴儿一般都是穿和尚服，也是在日本买的，纯棉质地特别舒服。而且一般和尚服的颜色都是以白色等浅色为主，不分男女，所以西西出生以后也穿了哥哥好多旧的衣服呢。袜子我准备了三双，也是皮皮和西西共用。

婴儿小帽子

两个宝宝一人准备了一个，两个人出生的时间一个冬天，一个深秋，出院的时候小孩儿需要带上小帽子。

贝亲奶瓶清洗液

皮大王从小用到大。泡沫丰富，洗的也干净，待产包里放的是一个小瓶的便携装，西西继续延用这个品牌。

贝塔（Betta）奶瓶刷

也是皮皮从小用到大的。之前也用过其他产品，如海绵的、塑料刷子的，都不行，betta 这个马毛的奶瓶刷，特别好用，推荐给所有妈妈！而且一支可以用挺久的。

贝亲指甲剪

　　每位妈妈都人手一个了吧，妈妈界网红产品之一！两个宝宝一直在用。之前也买过那种电动的，还可以打磨指甲的那种，我觉得没有这个好用，而且这个更实惠。新生儿在妈妈肚子里指甲就已经有啦，所以，需要剪一剪，新生儿经常会一不留神挠破自己的脸。

贝亲奶瓶

　　我也是很懒的一个人，皮大王用什么，基本上给西西能不变的就不变，当然，不变的就是最适合的。小孩儿的东西没有什么最好，只有最适合。不过其实到了医院才发现，如果你跟医生说你要母乳喂养的话，基本上你这奶瓶是白带了。

The laundress 洗衣液

两个宝宝到现在都一直在用这个牌子。尤其到皮大王出牙的时候经常会有口水留到衣服上，这款洗衣液虽然温和，但是洗得非常干净，而且味道清新怡人。

湿纸巾

"强生"和"花王"混着用。不过"花王"如果封口没盖上的话，就特别容易干。所以后来就慢慢全都换成"强生"了。

奶粉

关于母乳，我的观点是，尽量母乳，尽力而为。

不过皮大王那会儿，我觉得我是被不良言论洗脑洗得很厉害了，觉得不母乳就是遭天谴，对不起孩子，没有尽到做母亲的职责等，导致当时母乳量直线下降，等到西西的时候彻底改变了心态，一切顺其自然！

　　每个人的体质不同，奶水充足并且精力充沛，那就多喂，奶水少，并且身体弱的，就少喂，凡事千万不要钻牛角尖，也不要人云亦云，顺其自然最好。

　　在月子里，千万不要因为奶水的事儿抑郁，坐月子可不能胡思乱想。等到西西的时候我备了一罐奶粉，我想着有备无患吧，谁爱说什么就去说吧，自己的事儿，自己的孩子，自己做主！反倒是这样的心态下，西西公主轻松实现全程母乳。

Bonpoint 婴儿抚触油

　　两个宝宝从小用到大的 Bonpoint 这个牌子。有些小孩洗完澡后不能立刻入睡，可以适当做些抚触来帮助睡眠。身体乳和抚触油交替用。

WITH FASHIONABLE ATTITUDE
坚持时尚的态度——孕期肌肤也光彩

妈咪篇

纸巾类

其实这些医院都会准备，不过主要还是一种习惯，我还是自己带了手纸和面纸。

清洁湿巾

可以给小孩儿随便擦一擦，我主要是想用它来擦乳头，每次喂奶要擦擦干净，月子里出汗也比较厉害。

餐巾纸

我不确定医院是不是有，我就带了一盒儿，我也不知道具体干嘛用，也是一种习惯。

护理垫

这个非常非常非常有用，一定要多备几包哦！生完孩子最少一周之内吧，需要躺着，有伤口要恢复，而且有恶露，一天就会用掉好几张，算是消耗品。给宝宝换尿不湿的时候，下面垫一张，免得漏到床单上。

孕产妇一次性内裤

这个非常有必要！

卫生巾

已经接近10个月没有来过大姨妈啦！看到卫生巾还挺亲切，产妇是会有恶露的，卫生巾是必须要准备的。之前我一直用"花王"的卫生巾，因为皮大王一直用"花王"的纸尿裤，所以我才觉得不错。这款卫生巾很干爽，对于生完孩子的产妇来讲应该也不错。

漱口水、牙膏、牙刷

都说月子里不能刷牙，我就刷了，不刷牙怎么吃饭啊……据说会伤到牙龈，我觉得也是因人而异吧，生完的第一天尽量不要刷吧，其实你也没那个体力刷。所以，漱口水是一定要备一罐的。等体力恢复，后两天，看每个人情况，还是要刷刷吧，尽量使用软毛的牙刷，牙膏也不要用太重口味的就行了，这一切都没有规定，根据自己的喜好和习惯就行了。

洗脸盆

建议还是带两个，一个是给小孩洗洗用的，另一个是给产妇用的，生产完不方便下床的时候，让别人帮忙打盆水擦擦身体，洗洗脸什么的。

美国普瑞来（Purell）免洗洗手液

虽然说刚生完孩子不鼓励别人来医院看我，但是家长还有阿姨还是会来医院，所以，来的人都先消毒一下。没当过妈妈的人可能觉得事儿多，但是你当了就知道了，在这方面有洁癖的。

美国甘尼克宝贝（BabyGanics）免洗洗手液

这个是不含酒精或者含酒精极少的那种，皮皮要看妹妹的时候给他用这个。这个我们用掉好几罐了，平时都会放在妈咪包里，很方便。大瓶的都是放在家里用。

吸管杯

产妇生产完不方便，所以用吸管杯子喝喝水什么的。

家居服

在医院都有每天提供新的换洗衣服，不需要穿自己的睡衣，每天会出很多很多的汗，医院准备的是大人穿的那种"和尚服"，开襟儿的，穿脱比较方便，而且布料很吸汗。但是一定要准备一身，因为出院要穿，出院其实就是从病房走到车里，这么一小段路，就没必要穿的多美了，还是要准备一身舒服的家居服。围巾和帽子我也准备了，产妇怕风着凉，所以都准备上一定没错。

Bravado 哺乳内衣

也是妈妈界的网红产品之一！算是个口口相传的好牌子，我身边的妈妈前辈们，100%给我推荐的都是它！两胎都一直在用。非常柔软舒服，而且哺乳的时候有搭扣，第一胎买的肉色和黑色，都洗的起球儿了，二胎时又买了两件，换着穿。

贝亲防溢乳垫

这个也是必须准备的，我备了6盒！之前用过很多牌子，用来用去觉得这个牌子最好，背后粘性好，吸水性好，而且非常柔软，很亲肤。我带了几片放在待产包里，开始乳汁肯定也不会很多，但是准备好肯定没错。

月子鞋

我原来也不知道月子鞋，只知道坐月子一定要穿有后脚跟的鞋子，不能穿拖鞋那种。因为产妇如果不好好的保护脚，真的会落下脚后跟疼的毛病！而且我两次生产基本都是在很冷的季节。我还准备了两双袜子在医院，寒从脚下起，随便家里的袜子就行了。

毛巾

我准备了一条长方形的，因为通乳师帮忙通乳以后，每次喂奶前，都要用热毛巾敷一下，疏通乳腺之类的。两胎都是这样做的。

美德乐（Medela）的乳头霜

妈妈界的网红产品。冬天会凝结得比较厉害，不太好往外挤，其余季节用是完全没什么问题的。当过妈妈的都知道，虽然新生儿没有牙，但是他们会咬乳头而且有时候会咬破，摩擦摩擦，有的妈妈被摩擦的没完没了得破皮。总之，当妈妈的不容易，为了能稍微缓解，乳头霜是一定要备一支的。在这里也多说一句，从生产前一个月，洗澡的时候，可以用搓澡巾或者毛巾（略微粗糙些的），力道略微加一些些稍微擦擦擦拭乳头，加强韧度吧！用不完的，秋冬季可以涂涂手脚。有的时候我的后脚跟有点儿龟裂，拿这个涂涂也非常方便，都是很安全的成分。

棉签

给小孩用的，一定备一小盒，新生儿在羊水里泡了好久，一些边边角角的地方容易有脏东西，比如耳朵，不是耳朵眼，是耳朵外侧，还有鼻子，肚脐等。

迈可适（Maxi-cosi）婴儿提篮

在这里强调一句这个问题，小孩子必须要坐安全座椅，从新生儿开始就是这样，千万别让大人抱着！以防万一！小时候皮大王不爱坐，哭的很厉害。我的态度就是，即便是哭的不认识娘了，也必须要坐！！！有时候父母过于心疼反而不利于孩子的成长！其实他们的适应能力很强，他觉得哭解决不了问题的时候，也就只好面对现实了。因为出院要用这个，也放在待产包里。

化妆包

作为一个资深美妆达人，化妆包是必须要带的啊，生完孩子医院里住着少则3天，多则5天，怎么也得洗洗脸。

卸妆巾，无色无味、不粘不腻，用完很清爽，不堵塞毛孔……好处多多！这些卸妆产品，就是给你在不方便洗脸的状况下使用的。不方便洗脸不方便下床，用卸妆巾擦拭一下，当然也带了洁面产品，等能下床了，再用泡沫的。

小支喷雾、精华、眼霜和面霜

皮筋两根，气垫梳子，我现在基本走到哪儿都会带着，对头皮的舒筋活络特别的好，梳起来很舒服。

差不多我自己要带的就这些了，还有手机和充电器，虽然说刚生完孩子不能看手机，但是偶尔也会瞄一下，蜂蜜、巧克力这些我是肯定会准备一些的，生之前吃点补充体能！

　　大家还可以根据自己的状况，带上 Ipad、自己喜欢的零食，有的热爱拍照的带上相机、摄像机等。

　　关于我自己的待产包，基本就这些，每个生产的医院提供的东西也都不同，根据自己的喜好和习惯来进行调整就可以了。

第三节 关于坐月子，你肯定有很多疑问

传统理念是坐月子期间这不能做，那不能做，弄得很多妈妈心烦意乱。

产妇小课堂

Q1: 月子里到底可以洗澡吗?

老话说"月子期间不宜洗澡"，最主要的原因还是怕产妇着凉。产妇在生完宝宝的头一周，还处于排湿、排毒阶段，毛孔都张开着，万一着凉很容易得风寒。而现在的情况与过去不同，科技发达，在四季恒温的空调环境里，自然可以洗澡。但需要特别注意的是，第一次洗澡只能用清水，而且是淋浴，不能坐浴。若是自然生产的话，产后便可以洗澡。剖宫产可能要晚上几天。在不影响伤口的情况下，专家建议可以在产后十天左右洗澡。

Q2: 月子里的宝宝可以游泳吗?

只要不是早产儿，身体健康的宝宝们都能进行游泳运动。游泳对宝宝好处多多，可以增强宝宝的肺活量，帮助四肢尤其是腿

部的发育，但要注意的是颈圈的选择。除了游泳之外，每天宝宝洗完澡之后，给她们做做按摩和被动操，可以帮助宝宝活动筋骨，让他们更好地成长。

Q3：母乳喂养有什么好处？

亲喂对妈妈和宝宝来说，都是非常有益的。乳头上有很多神经，宝宝的吮吸刺激会直接反映到人体大脑，而神经反射会产生催乳素，这些信息的汇集将帮助妈妈产生更多的奶水。对宝宝来说，他们可以立刻吃到带着妈妈体温的奶，不用一边饿一边哭地等待奶粉冲泡好。但还是那句话，个人体质不一样，所以奶量也各有不同，妈妈们根据自己的情况，强求反倒会影响心情。

Q4：孕妈妈有什么注意事项？

月子期间，妈妈需要特别关注乳腺管的畅通以及子宫的恢复、恶露、伤口情况。建议妈妈们适当做一些产后操为恢复运动。腹带也要开始用起来。大多数人会以为生完孩子瞬间就能恢复到孕前的样子，可是现实很残酷，肚子看起来依然像五个月那么大。

❋ 月子餐格外重要 ❋

月子餐的搭配，应该根据新妈妈的生产方式和身体状况量身定制。顺产妈妈会在产后大约 3~5 天开始胀奶，剖宫产妈妈一般为 5 天后，专家建议胀奶后要先做乳腺疏通，然后才用荤汤来发奶，以避免乳腺导管堵塞，乳房胀痛加剧。

所以，必须科学膳食，科学膳食，科学膳食——重要的事情说三遍！

生育是大自然赋予女性的能力，因此身体本身也具有自行修复的功能，不用急慢慢来。身体的自行修复分几个阶段，每一阶段都要有侧重点，我们可以按阶段，通过饮食，给予相应的营养摄入。比如，第一周的食谱，目的着重在排恶露、促进新陈代谢，因此要以内脏汤、红枣银耳汤等这类汤羹为主。进入第二周，才加入花生炖猪蹄、鱼汤等发奶汤品，来促进新妈妈的乳汁分泌。第三、第四周之后进入进补调理期，需要开始在月子餐里添加麻油，适量米酒，以帮助新妈妈恢复体力。根据小 yo 的两胎经验，这些需求通常可以归纳为三个阶段：

第一阶段，即第一周，新妈妈处于需要排净恶露、愈合伤口的时期。从饮食方面来说，应该多摄入一些帮助代谢废物、排除瘀血的食物，加速愈合分娩造成的撕裂损伤。

第二阶段，即第二周，新妈妈开始进入身体的自我修复阶段。在孕产期承受了巨大压力的身体，组织器官多多少少会有些挪位和损伤，这时候我们需要从饮食上给予调理。

第三阶段，即第三、四周，是新妈妈需要增强体质、滋补元气的阶段。在这期间的饮食安排，应该配合调整体内环境、帮助增强体质，使新妈妈的功能尽量恢复到正常状态。

科学的月子餐提倡多餐少食，前期以素汤为主，不要大补，要温补，用来帮助进行排毒。后期倒是可以进行大补，帮助催奶和增强体质。

然而，新妈妈的体质毕竟比较特殊，需要摄入的营养和食物量都比其他时期多，这时候，为了尽量保持身材，不让后期的减肥工程难于上青天，平日里我们都知道的瘦身饮食概念——少食多餐，到了要坚决执行的时刻了！ 我的月子餐，每天六顿，按时按量：早上 8：00 吃早餐，10：00 吃点心水果，12：00 点准时午餐，下午 3：00 再吃点心，6：00 晚餐，8：00 水果点心，一样也不多，一样也不少。

最后提醒大家，生完宝宝后，新妈妈不要忘了补钙哦！为了自己和小宝宝，新妈妈一定要补钙直到哺乳期结束。因为哺乳会导致产妇流失大量钙质，这时候特别需要额外摄入钙片来补充，也可以多吃含钙量丰富的食物，例如红肉、牛奶、酸奶、奶酪等。

第四节　产后什么时候才能无缝接轨医学美容

由于荷尔蒙变化而给肌肤带来的问题，会随着孕期的结束而慢慢好转，很多妈妈也经常会问小 yo 孕期结束后能不能用医学美容来帮助自己恢复最佳状态。

关于医学美容相关的问题，我特别邀请好朋友廖苑利医师来帮助大家答疑。

廖苑利：亚洲微整形女王，微整形概念创始人，毕业于长江商学院 CKEMBA25。目前担任愿丽医美集团创办人暨总院长，荣获 2016 美容医学质量双认证殊荣，为海峡两岸医学美容临床指导教授、欧美国际化妆品指定专家、亚洲媒体采访指定医美专家、全球首批高阶注射技术培训教授、国际肌肤科医学年会客座演讲，对于肌肤及医学美容经验丰富，常受邀至活动、媒体担任专家讲师，著有《变白变美变年轻》、《保湿养肤逆龄肌》等 12 本作品。

Q1：孕期以及产后可以做医学美容项目吗？

在做医学美容时，容易产生心理压力，紧张情绪也可能会导致子宫收缩，所以怀孕期间不建议做医学美容！产后基本上没有限制，但若是喂母乳的妈妈们，原则上还是要避免施打肉毒杆菌。

Q2：产后为何容易肌肤松弛？

女性怀孕后，随着胎儿的成长发育，子宫也就逐渐膨大，继而对腹部皮肤产生长期的压迫，拉大腹部皮肤组织。又因体内静脉回流不畅，肢体面目等部位发生程度不一的水肿，组织间隙产生较多的水分，皮肤紧绷。等女性生产后，虽然腹部有所缩小，但皮肤组织因长期牵拉而弹性不足，导致皮肤松弛。

Q3：哪些医学美容项目可以有效解决肌肤松弛？

对待肌肤松弛最有效的项目一定是超声刀。

113

一、肌肤松弛很严重，超声刀来帮忙

前文说到产后为何容易肌肤松弛的问题，女性怀孕后，随着胎儿的成长发育，子宫也就逐渐膨大，继而对腹部肌肤产生长期的压迫，拉伸腹部皮肤资质。加上体内经脉回流不畅，肢体、面目等部位还会有浮肿的问题，组织间隙产生较多水分使得皮肤紧绷。等到女性生产后，腹部缩小而皮肤组织却因为长期牵拉而弹性不足，导致皮肤松弛。

不少妈妈的皮肤松弛问题严重，化妆品或者普通的运动已经没办法恢复皮肤弹性的时候，就需要靠医学美容的项目来帮忙了。

超声刀原理及功效

Ulthera 超声刀拉皮，它的聚焦式超音波能量，以非侵入式地治疗到与手术拉皮相同深部组织筋膜（SMAS）且无需恢复期，能量能准确刺激纤维母细胞，激发胶原蛋白的增生，拉紧皮下筋膜层，由内诱发自体作用的方式，即使严重的松弛也可以明显得到改善，超声刀也可以加强于眉毛、眼周、下半边脸、下巴颈部等易松弛部位，塑造紧实面部线条。

因属于非侵入式拉皮，不会在脸上留下任何伤口，术后可以立即恢复正常生活，照顾小孩或者工作都不成问题。

生完皮大王断奶的第一天我就去做了超声刀

做之前也问了好几个人：疼吗？大多数得到的答案都是一个字：疼！也有人说没啥感觉的。当然，疼痛这种事情也是看个人的耐受力。整容不敢碰，但是但凡做过微整形项目就没有觉得疼痛是不能忍的，所以在医生的建议下，我也没打麻醉药，就彻彻底底的感受一次吧。当然，不打麻醉药还有一个好处，就是超声刀能刺激到皮下筋膜，属于比较深的位置，一旦在操作的过程中肌肤有任何不适的情况，医生可以适时作出调整。

先从右边脸开始，刀头碰到脸的瞬间，心里更多的是紧张。我比较没出息，手心都出汗了，可能是预期想得会觉得特别疼，所以在真正操作的时候却完全没有这种感觉，前期过程是非常轻松的。但是随着刀头慢慢深入到贴近牙齿，确切的说是牙龈的时候，我就有种碰到神经一样的难受，对的，是难受，不是疼，躺在枕头上的后脑勺开始嗖嗖地冒凉风了。内心的潜台词就是："什么时候结束啊。"但是必须得说，yo姐还是很能忍的，医生在这个过程中不断地跟我交流，问我的感受，我还是表现得非常的淡定，虽然内心已经各种奔腾了。

第一遍就这么结束了，我松了一口气。整个过程还是很满意的，没大喊大叫，没哭，内心嘚瑟一下。

随着第二遍的开始，一种特别浓烈的酸酸胀胀的感觉上来了。这种酸酸胀胀的劲儿一大，就觉得疼了。我开始左手掐右手，但是表面上却依然淡定。两遍下来是完全不同的两种感觉，即使是同一个部位，前后两次的感觉也完全不同。但是我依然相信会有人觉得一点不疼，江湖之大能人异士如此多，而且如果再让我选择一次的话，我依然选择用高频，就算是受罪，索性受一次，得到的效果也必须是能操作范围内的最佳。

整个过程下来差不多一个小时左右，包括面部两颊、颈部、眉骨附近以及下颌，基本上正面你能看到的部位。生完孩子之后感觉法令纹加深了，所以脸颊中段和下巴我要求打得比较重，医生也特别配合的完全没有手下留情。

疼痛感基本在打完之后就停止了，只有脸颊短时间内有一点发热、灼烧的感觉，但基本不碍事。其实在做完一边脸的时候看两边对比还是很明显的，不过整个打完除了觉得脸有点发红、浮肿之外，其余的不是特别明显。如果从头顶看过去这个角度来说，颧骨处会有明显变矮一些的感觉，这算是从另一个角度说明皮肤紧致了吧。不过我属于打完之后稍微有一些浮肿的，完全不碍事，基本上一周就能恢复了。

效果：超声刀并不是立竿见影型，需要时间去检验。

三个月，最明显的是嘴角，就算后来二胎带球跑的我偶尔有一点水肿但是嘴角基本不下垂。还有就是下巴弧线也是越来越好，我想这就是在不知不觉中变美吧，至少这样的结果我很满意。还有一点就是平时我就很注重肌肤保养，所以肤质一直都属于比较好的那种，正是由于这个原因，做了超声刀的前后对比可能不是那么的明显，好像瘦脸那样，但是我觉得随着时光的流逝，我的肌肤状态不但没有变差，而且越来越细腻紧致，这才是要保养的真正目的。

❋ 二、对抗斑点，皮秒飞梭来帮忙 ❋

Q: 孕期出现的斑点，在产后并没有消除，什么疗程可以帮忙？

A: 古人说一白遮三丑，美人们总是在追求净白无瑕，产后妈妈们也不例外。针对斑点，最快速有效的去斑方法就是镭射。

做镭射除斑的时候，医生会先帮你涂上麻醉药膏。如果麻醉药膏停留在皮肤上的时间没有超过 30 分钟，它的麻醉效果就会打折扣，打镭射的时候就还是会有疼痛的感觉。如果麻醉药膏有停留超过 30 分钟以上，打镭射的时候就不会那么痛，但还是会有被手指头戳到肉的感觉。

传统的镭射项目恢复期长，稍不注意还很容易反黑。不过现在最流行的这种"探索皮秒镭射"非常适合"想治疗斑点又怕反黑""希望短时间改善斑点及肤质"的人，"探索皮秒镭射"对于东方人在意的雀斑、晒斑、肝斑、颧骨母斑，甚至刺青都有非常显著的改善效果，由于镭射能引起肌肤的热效应，诱发胶原蛋白生长，因此也可改善肤质粗糙、毛孔、老化等问题。

关于皮秒镭射

可以针对黑色素问题更精准有效的改善，过去传统激光治疗的脉冲时间都是以"奈秒"为单位，也就是 10^9 奈秒，而新一代的皮秒科技以"皮秒"为单位，皮秒为 10^{12} 秒，是现行更快速的治疗方案。也因为速度快、脉冲时间更短，可以瞬间震碎黑色素粒子，清除率更高，缩短治疗次数，并且能有效降低术后反黑概率，同时速度快，停留在皮肤的时间就更短，相对的对皮肤造成的伤害也更低，也能降低术后不良反应。

微点飞梭镭射原理及功效

还有一种就是微点飞梭。微点飞梭治疗是只运用铒玻璃镭射发出 1550nm 的红外线波长，利用特殊探头将之分为许多的小点，穿透到较深的真皮层。治疗后皮肤仅有微红微热的感觉，在数分钟内表皮即会愈合，之后细胞自行再生作用，由皮肤内部促进胶原蛋白新生、重组，达到改善毛孔粗大、浅层凹疤。表皮浅层黑色素细胞会在肌肤再生的过程中被代谢掉，所以具淡化色素的功效。微点飞梭治疗与传统飞梭镭射相较下更不易泛红反黑，适合忙碌的上班族，治疗后第二天可立即上班，且肌肤紧实效果立竿见影，微点飞梭治疗更好照顾，术后恢复期更短。

第五节　严重色素沉淀怎么办，医学美容保养来帮忙

Q: 除了斑点，严重的色素沉淀该如何处理？

A: 孕期的色素沉淀问题，有些到产后就会慢慢恢复改善，但是还会有顽固的地方。除了孕期荷尔蒙的变化导致的色素沉淀，像是肌肤缺水、老化角质堆积、熬夜及作息不正常等都会造成肌肤暗沉，所以想要改善，除了要养成良好的生活习惯、多吃富含维生素C及抗氧化物的蔬果之外，也要做好脸部的清洁及保养、定期去角质层，才不会让老废角质堆积在肌肤表层，使黑色素无法代谢。而在保养品的使用上，我会建议选择成分中含有维生素C的美白保养品，因为维生素C具有抗氧化及抑制黑色素生成的功能，同时也在我们体内担任制造胶原蛋白很重要的角色，对于抗老及美白都有很大的功效。

如果想加快进行，也可以尝试一些医学美容项目：

✳ 1 白瓷光激光：改善暗沉、肤色不均 ✳

白瓷光是在台北非常受欢迎的一个微整形项目，治疗主要能清除表浅的老废角质，温和且快速净白角质层的黑色素，可均匀肤色、达到嫩肤的效果，适合单纯想治疗肝斑问题的人。

治疗前，在全脸涂麻醉药，静置20分钟，脸有一种很木的感觉。接着洗掉麻药，对全脸进行清洁，然后对眼睛和眉毛部分使用保护措施，接着就要开始白瓷光的治疗了。

机器启动时，有很大的噪音，触碰皮肤时有种微电流划过的感觉，或者说是好像仙女棒的火花掉在脸上，觉得烫烫的，但是这种感觉马上消失，紧接着又是新的一轮。这种感觉交替间还能闻到好像烧焦的味道，会有种"人肉BBQ"的错觉。面部的肌肤持续的升温，就在这种交替中进行白瓷光治疗。

治疗过程其实很快，大概十五分钟左右。仪器治疗后，对全脸进行冰敷，帮助面部降温和舒缓。冰敷的过程十分舒服，导致我瞬间睡着了。

白瓷光算是整个治疗过程很舒服的，而且根本算不上疼痛，尤其是敷了麻醉药。初次体验结果是整体肤色通透了一些，鼻翼两边的毛孔瞬间瘦身了，从圆形变成了椭圆形，下巴上的痘印略微有些发红，不过第三天起床后突然觉得淡了许多，原来是有个代谢的过程。

❋　2　杏仁酸　❋

杏仁酸是果酸的一种，特点是美白、温和抗痘，尤其适合有痘痘、粉刺、痘疤以及肤色暗沉等肌肤问题的女性。因为杏仁酸利用萃取自苦杏仁的亲脂性果酸，肌肤亲和力极高，容易渗透角质层并深入皮肤发挥作用，不仅针对油性肤质和青春痘肤质能达到抗菌、改善皮腺阻塞等效果，更可预防及阻断肌肤内黑色素蛋白形成，有效改善日旋光性老化、黑色素沉着等问题，达到肌肤净白与抗痘的双重疗效。

清洁后给眼睛做保护，接着在脸上开始刷酸，不疼，但是涂在脸上有一点沙沙的感觉，稍后又涂了另一种起中和作用的东西，沙沙的感觉就慢慢没有了。整个过程可以用舒服来形容。

治疗后无伤口，可以立即上班、上妆，不会影响生活作息。与果酸治疗相比之下，更加温和不刺激，且不产生红肿现象。

❋ 3 美白针 ❋

美白针可以用来改善皮肤暗沉、斑点和痘疤，效果当然没有光疗那么明显，但比较没有副作用、也不会反黑，如果打的次数较频繁，也可以较快就见效。而且它不像光疗只能对有治疗的那个区域有效，美白针一打下去是全身都可以美白，就连对身上的疤痕也可以有淡化的效果。

打美白针比吃维生素 C 效果快，但是你知道以为打一次就能美白一辈子，那是不可能的。必须要定期施打，如果不再继续打的话，虽然不会变黑，但是渐渐效果就会流失。如果你是皮肤真的很黑的人，可以在半年内密集要打，会发现真的比原来白很多。等打了半年之后，就可以用吃维生素 C、使用美白保养品等其他方法来维持，不必真的靠打美白针过一辈子。

第六节　医学美容后的居家保养

如果你觉得做完医学美容就算完事的话，那你就错了。术后护理一样不能马虎，对微整形来说，术后保养是治疗的一部分，千万别让微整形变成"危整形"。

❀　关于术后保养　❀

术后 48 小时内，要特别注意清洁环节，只做简单的清洁，而且避免热水，最好在医生的建议下选用不含添加剂的洁肤品，严禁使用控油、美白、焕肤、抗老等功效的洁面乳，另外从做完微整形的当天开始就要进行补水功课，温和高效的保湿面膜比保湿精华更能及时满足肌肤需求。

术后一到两周，肌肤新陈代谢加快，此时肌肤的吸收能力非常强，细胞能够大量捕捉水分和营养成分。肌肤也正在自我修复阶段，因此对护肤品的吸收量会比平时增大至少一倍，虽然这个时候是肌肤补充营养的大好时机，但是美白、抗老、焕肤这类的产品还是不要用，你需要做的就是不断大量补水，补水精华、面膜毫不犹豫的用起来，同时也可以用一些帮助细胞代谢和修复的产品。另外，也可以口服一些胶原蛋白来补充。

小 **40** 之选
术后认真护理才是关键

01 宠爱之名蓝铜玻尿酸生物纤维面膜
FOR BELOVED ONE HYDRATING BIO-CELLULOSE MASK

无论医学美容疗程后，还是秋冬换季敏感，都可以用这款面膜来镇静，刚敷上的时候会有些微刺痛，但是很舒服、很过瘾。

总结：30 分钟精华液导入效用，让肌肤瞬间饱满新生。

02

赫莲娜黑绷带晚霜

HELENA RUBINSTEIN Re-plasty Age Recovery Night Cream

即使不做微整形，HR 绷带系列我也愿意一直用下去。"绷带面霜"这个名字真是特别贴切，微整形后我基本不太会给脸做额外的面膜，但是涂抹面霜还是会按照肌肤纹理，在最后的步骤做向上提拉的手势，停留的瞬间会觉得有条绷带在提拉着我的脸，有一种向上紧致的动力。味道也是很宜人的香气。

总结：绷带质地面霜，让肌肤愈颜重现。

第七节　有些话好像难以启齿，产后私密处这样来保养

很少人知道，其实女人除了脸部之外，另一个衰老最快的地方就是我们的私密处了！女性私密处是身体最脆弱的部位之一，会随着年龄增长、细胞新陈代谢速率渐缓、胶原蛋白和弹性纤维流失，在不知不觉中松弛、失去弹性、暗沉或是有阴道干涩、松弛，导致性生活不美满、轻度至中度尿失禁等问题，其实都跟私密处老化有着密不可分的关系！

除了年龄因素，有顺产经验的女性也容易加速私密处的老化，使私密处不得不拉响警报。

一般健康的阴道 pH 值维持在 3.8~4.2 之间，弱酸性的环境形成天然防护屏障，可抑制病菌过度繁殖，预防感染、老化干燥提早出现。若工作压力大及作息不正常，再加上个人卫生习惯不佳、不常更换卫生棉或护垫、不爱喝水，常吃甜食、油炸、烧烤类等食物、常穿着紧身的裤子等，都容易发生阴道感染，导致阴道提早老化。

有阴道干涩困扰的朋友,在饮食上可以多摄取蔬果及优质蛋白质,例如鸡胸肉、核桃、苹果、绿色蔬菜等,补充胶原蛋白、维生素 E、天然雌激素及黄体素 。

私密处保养还可以透过激光进行治疗保养,它是一种非侵入性的女性私密处治疗,利用镭射热能促进阴道及外阴部的胶原蛋白增生、促进血液提供、更新阴道内壁老废的角质,干涩及老化萎缩都可以得到改善,重新拾回水分的阴道壁,同时也像自行裹上一层防护层,有保护作用。

当然私密处的颜色有些人还是很在意的,激光同时也能使私密处的肌肤恢复嫩白、细嫩。

Part

第五章
平衡人生，美出质感

对我而言，最在乎的是家庭与事业的平衡、亲情与爱情的平衡、身心动与静的平衡，甚至每一天饮食中，蔬菜与肉食的平衡。我一直觉得，自信、自在地过好生活里的每一分每一秒，以平衡的心态和状态活出质感人生，很重要！

第一节 我所追求的乐活人生，健康和平衡

对我而言，最在乎的是家庭与事业的平衡、亲情与爱情的平衡、身心动与静的平衡，甚至每一天饮食中，蔬菜与肉食的平衡。我一直觉得，自信、自在地过好生活里的每一分每一秒，以平衡的心态和状态活出质感人生，很重要！

有了皮大王和西西公主之后，我学会了放慢脚步，静静感受这一切带来的美好。

肚子里怀着西西公主的时候，皮大王也才一岁多，我辞职离开了公司，正式开始运营"孙小 yo"公众号。要感谢阿果、闺蜜猴子小姐和助理 Yana，没有她们的支持努力和付出，不会有"孙小 yo"今天的成绩。还有我的家人，让我在投入工作的时候没有后顾之忧。

重新投入全新的工作，虽然也在怀孕，但是生活节奏又回到了怀孕之前的忙碌，出差虽然繁忙，但做的事都是自己喜爱的，而且工作的同时还可以每天陪伴两个小朋友慢慢长大，生活充实而有趣，完全不觉得辛苦。

有了两个宝贝之后，我不想再让工作占据生活的绝大部分。我想要的是平衡，在家里是好太太、好妈妈，在职场是女强人。从前，我和先生用旅行平衡工作与生活。每当我们各自结束一段时间的忙碌，就会选择一个旅行目的地，它可以是世上的任何一个角落，我们会去到那里，享受短暂而舒适的放空。现在，皮大王和西西公主来了，我们非但没有放弃热爱的旅行，还尽一切可能让旅行成为我们全家每年固定的项目。当然我也知道，陪伴孩子不是平时忙自己的，偶尔带她们旅行一下就够了的，日常的陪伴和教育，一样都不能少。

很多人问我，为什么你可以事业和家庭兼顾得那么好？看你带小孩好像带得很轻松。

所以我必须要老实的和你们说，家庭和事业其实是很难平衡好的！人生归根到底就是一场极其复杂的资源配置游戏，你总是要做出选择，而选择就意味着要取舍。在各个领域平均分配，必然成绩平平。如果想在某个领域出类拔萃，就必然要放弃掉很多东西去钻研，使之精益求精。没有人能够倒带重来，所以考虑清楚什么对你来说是最重要的。最大化的利用你的时间，做你觉得能够让自己最开心幸福的事情，这就是成功的关键。

之前看过一本书，叫《为什么我们不能拥有一切》。对于女人来说，怎么能够保证在家庭稳固的基础上追求事业呢？

书里有总结了几点：1.谨慎考虑要孩子，特别是二胎。第一胎还能玩玩平衡的把戏，到了二胎基本上就崩盘了。2."跷跷板"的家庭分工，做到平分很难，但是要和老公积极的沟通，错开出差的时间和工作的繁忙季。3.让老公放弃追求事业。让老公事业中断，就意味着以后他的工资和地位都会不如你。不过从男人的角度来说，让老婆中断事业也是很常见的。很多高官的妻子就是这么做的。对于女人，如果想要事业不断爬坡，那也少不了丈夫的牺牲和支持。4.有健康的老人做后盾。很多80后、90后的年轻人都是由父母带的，工作忙的时候，短时间让老人帮忙我觉得是可以的，但是不能够让老人太吃力，年纪大了很容易身体透支生病，到时候还要增加老人的护理，家里更乱。

满足以上四点的话，加上有效的时间管理，工作和事业取得最大化是完全有可能的。我也是花了很多的时间才总结出适合我自己平衡工作 vs 家庭的时间。

第二节　那些带娃的日常

我们国家有句老话，叫"从小立规矩"，意思是要让小孩养成良好的生活习惯，从小做起。我们作为父母，是宝宝的第一任老师。我们最初灌输给孩子的是非观念、为人原则，很可能会影响他们的一生。俗话说得好，三岁以后谈教育，三岁以前重在陪伴。对于目前 30 个月的皮大王和 10 个月的西西公主，我希望给予他们足够的陪伴，而不是因为追求事业，变成一个"缺席妈妈"。

❋ 我的时间表 ❋

7:00　每天基本都是皮大王叫我起床，西西公主差不多可以睡到 8 点钟。

8:00　全家一起吃早餐，皮大王现在完全自己吃，而且坚决不需要喂，有的时候看见妹妹的辅食，还会起哄抢着吃两口。

9:30　与团队小伙伴们开早会，然后完成当天需要我完成的工作量。间隙当然也是要与宝宝们常常互动。

14:00~15:00　每周有 2 次，见健身教练，喂奶妈妈也是有人生追求的，产后瘦身可不是只拿来说说。

15:30~17:00　去工作室处理当天必要的工作，以及与同事沟通拍摄方案和各项需要我决定的工作。

17:30　准时下班陪小朋友。

18:00~19:00　全家人一起的晚餐时间，基本我们都会在家吃，健康也更有亲情氛围，一顿晚餐是家人们一天里最美好的相聚时光。

19:30~20:00　陪两个宝宝玩耍，在他们 1 岁以后开始一起阅读启蒙书籍。

20:00~20:30　给皮大王和西西公主轮流洗澡。还得感谢我的父母，自从出了月子，我们都练就了一身洗澡神功，两只小调皮半小时全部搞定脱衣、洗澡、抹香皂三步骤。虽然辛苦，但是亲手为他们洗澡的日子是妈妈的福利啊。

20:40　跟宝宝们说晚安。如果他们安然入睡，那就是我跟粉丝的互动时间，尤其每次微信推送发出之后，都要花差不多 2 小时左右在后台帮大家答疑解惑。

然后就是我的写稿时间，两个宝宝都睡了，我才有空静下心来写稿。差不多 12:00 我也会入睡。

以上就是我的日常，当然还有特殊的时候，比如赶上大项目或者出差，就算不在家也会尽量抽时间跟他们视频，毕竟小孩子变化快，真的是一天一个样。

西西公主现在特别急于站起来，爬几步就会扶着我要求站一会儿。皮大王更是爱好多多。每次看到钢琴都要求弹一会儿，不过现在他的水平只能用乱弹来形

WITH FASHIONABLE ATTITUDE
坚持时尚的态度——孕期肌肤也光彩

容。对各种乐器感兴趣，每样都想尝试。还迷上了画画，只要拿起蜡笔就会自己画自己觉得好玩儿的东西，虽然对色彩还分得不是特别清楚，但是已经很喜欢在画本上涂各种颜色了。

小 40 之选
孩子使用的文具不可敷衍了事

德国思笔乐伍迪乐多用途画笔

STABILO 思笔乐

皮大王的最爱。笔身比较粗，很适合学龄前儿童用来涂涂画画，加上小男孩比较好动，拿着笔到处乱画，让我烦恼不已。这支只要是在平滑表面、瓷砖、钢琴漆家具、玻璃等地方湿纸巾就能擦的很干净。减少了我不少麻烦，也增加了小孩的创造性。

Tips 任何欧洲品牌给小孩用的都得过 CE 认证，木制的产品最好有 PEFC 的认证，这样不但给孩子们用的安心，也很环保吧。

135

第三节 关于辅食的建议

孩子成长得那么快，前一秒他们还在喝奶下一秒就要开始吃辅食了。亲眼看着皮大王和西西公主一步一步长大，越来越多地了解这个世界，看着他们学习走路、吃饭、说话……常常感慨，如果我错过了这些精彩的成长瞬间，那么无论我的事业发展得如何成功，都弥补不了没有陪伴他们快乐长大的遗憾。

记得曾经听过一位投资家描述幸福，他说："幸福的本质是一种感觉，一种追求快乐而又有意义的感觉。"做辅食之后，原本已经足够忙碌的生活，又紧张了一些。但看到现在两个宝宝越来越爱吃饭，几乎每次都能吃得碗底朝天，我深刻感到我所做的一切，是多么快乐且充满成就感。所谓幸福的本质，应该就是这样了吧。

纯母乳喂养能满足健康足月婴儿6个月内绝大部分的营养需求。因此，最理想目标是：纯母乳或母乳喂养为主，约6个月。

4个月之前千万不能给宝宝吃辅食，因为那时她们的咀嚼吞咽功能还没发育完善。对于 6 个月大的宝宝来说，乳汁营养的构成，已经不能完全满足他们的生长需求了，这个时候就必须添加一些泥糊类辅食。但是如果 6 个月后还没有开始添加辅食的话，宝宝就有患上贫血的风险。

宝宝的第一口辅食应该是大米米糊。对于 4 个月的宝宝来说，胃肠道和消化道才刚刚具有消化淀粉的功能，因此吃不了别的食物。大米米糊口味清淡，很少有宝宝会排斥，更重要的是，对大米过敏的宝宝非常少，而对牛奶、花生过敏的就很多。米糊的摄入也要有过渡，从稀到稠，这样可以帮助宝宝适应新的食物品种。但不能太稀，一定要做成糊。米糊的适应期大约是一到两周。

米糊之后，我们就可以给宝宝们喂蔬菜了。蔬菜一定要从绿叶菜入手，比如生菜、菠菜、青菜。要记住的是，6 个月之后才能尝试根茎类蔬菜，例如土豆、胡萝卜和南瓜。宝宝从 7~8 月龄，可以开始添加荤菜、豆类和蛋黄，荤菜的话，例如鸡胸肉、猪肉、牛肉等，鱼类建议吃三文鱼和桂鱼。当然，一定要做成泥状！8 个月后可尝试给宝宝吃营养丰富的蔬菜肉粥或面。随着咀嚼能力的增强，可给予面包、馒头等促进牙齿萌生及口腔发育的食物，这对宝宝日后的语言能力有很大帮助。

有些宝宝对豆类、牛奶和鸡蛋过敏，新妈妈在喂养的时候一定要注意宝宝的身体反应，及时甄别和判断。一般的过敏反应主要表现为皮肤变红，出现腹泻或者呕吐现象。宝宝是否对一种食物过敏，有时要 3 天才能显现出来，3 天之后不过敏才能继续吃。新妈妈不要吃了一两次感觉没事，就放心大胆把食物喂给宝宝了。在辅食添加开始后，尽量延长纯母乳喂养时间，这有助于降低消化道和呼吸道感染以及感染导致的住院率。婴儿在满 4 月龄之前，消化道和肾脏功能不够成熟，因此，不建议在此之前添加辅食，也不建议推迟到 6 个月以后。

小朋友们从 14 天开始，便要补充维生素 D_3 了，每天 400 毫克到 600 毫克，一直需要补到他们两岁左右。因为适量的维生素 D_3 可以帮助促进钙质吸收，促进骨骼发育。而 DHA 其实在母乳中已经存在了，不必额外摄入，不过添加了也没有负面效应。

辅食种类

种类丰富、各种各样味道和质地的食物，包括苦涩的绿色蔬菜，都应该提供给宝宝。

辅食添加开始以后，尽可能继续母乳喂养。近年来的各项研究显示：延迟添加容易导致过敏的食物，并不能降低晚期过敏性疾病（包括食物过敏）的发生风险，因此，无论有无特异性疾病家族史，只要宝宝满 4 月龄，任何可能导致过敏的食物随时都可以添加（不过，早于 4 个月添加会增加过敏的概率）。对于花生过敏高风险的婴儿（LEAP 研究定义为严重湿疹和 / 或鸡蛋过敏者），建议在专科医生指导下于 4~11 月龄间尝试添加花生。

辅食中蛋白质占总能量的比重不应 > 15%，辅食添加阶段的高蛋白饮食可能增加后续超重或肥胖风险。脂肪的摄入量很重要。原因很简单；婴儿进食量少，但是对能量的需求高，暂时没有足够的证据显示高脂肪饮食对于 0~1 岁婴儿日后的健康结局有影响，但是，高于 50% 比例的脂肪会阻碍食物多样性，所以，欧洲食品安全局（ESFA）建议婴儿 6~12 个月期间脂肪供能应占总能量的 40%，其中 4% 来自亚油酸、0.5% α - 亚麻酸，DHA100mg/ 天。

辅食能量密度过高，会导致体重超标，婴儿期体重超标会造成学龄期和整个儿童期肥胖发生概率增加 2~3 倍！因此，监测生长发育速度，避免体重增加"超速"是非常必要的。婴儿满 12 月龄之前，不要添加蜂蜜。

关于吃了辅食的宝宝们，我还有一点建议：宝宝的刷牙问题。

经常有人问我关于皮大王的刷牙问题，其实皮大王差不多在 8 个月的时候才出牙，算比较晚的，一开始我选择比较原始的方式，用指套给他刷牙。但每次把手指伸进他的嘴里，他都非常排斥，有时候甚至会故意咬我手，他不舒服，我更难受。后来皮大王看到我每天用电动牙刷刷牙，表示出了极大的好奇，我干脆直接给他也添置了一款：FOREO ISSA MIKRO 婴幼儿硅胶智能电动牙刷，针对的是 0~5 岁的宝宝。这款牙刷的定位就是婴幼儿训练式牙刷，培养小孩子刷牙的习惯，训练他自己主动刷牙。这款牙刷让我最喜欢的地方在于有哭脸、笑脸模式，如果小孩子一天刷两次牙，每次刷够 2 分钟，笑脸就亮，很多小孩本来很抗拒刷牙，但是为了看牙刷笑，就一直刷牙，养成刷牙的好习惯。这款牙刷采取无振动模式，仅用牙刷头轻轻按摩舒缓牙龈，有效减少口腔内细菌数量，清除食物残留，让小朋友在长出换牙之前熟悉持续的刷牙过程；而针对 6 个月以上已长出乳牙的小朋友，牙刷通过温和训练式引导按摩舒缓牙龈，以精细脉动高效清洁牙齿与牙龈，提升清洁效率。所以在西西公主 6 个月的时候我也开始用这款牙刷帮她按摩牙龈。

小YO之选
保护牙齿从宝宝做起

ISSA 米可婴幼儿训练式电动牙刷

FOREO ISSA MIKRO

针对 0 到 5 岁的宝宝，而且这款牙刷的定位就是对婴幼儿的训练，培养宝宝的刷牙习惯，让他自己主动刷牙。有哭脸、笑脸模式，如果一天刷两次牙，每次刷够 2 分钟，笑脸就亮，很多宝宝本来很抗拒刷牙，但是为了看牙刷笑，就主动去刷牙，养成这个好习惯。

总结：婴幼儿训练式电动牙刷。

第四节　陪伴是最好的礼物

不知不觉到了尾声，很舍不得，总觉得还有很多话要说，但是我也会继续跟大家分享一切关于美的事物，分享皮大王和西西公主的成长点滴。

有了两个宝宝以后，我喜欢用视频来记录生活，生活都被我们当作素材一段一段珍藏、积攒着，我们会把这些影响汇聚在一起，让他们在长大后能看到小时候的点点滴滴，不止对两个孩子，甚至于整个家庭都会是美好的回忆和财富。

141

结束语

带他们去旅行，看世界！

孩子们来到世上之后，我发现自己不再适合一个人闯天下了。曾经喜欢出差和旅行的我，如今每次出门都带着满满的思念和牵挂，倒数着回家的日子，还会带一瓶他们平时用的"香香"在身上，闻着味道化解想念之情。与其这样思念，不如带着他们一起。只要是出差时间长，我就会带上他们。

渐渐的，带着孩子们一起看世界，变成了我们的家庭日常。

因为我们知道，环境对一个人的影响非常深远。

以前听过美国生物学家马克・罗茨威格做过这样的老鼠实验：他找了一批基因几乎一致的老鼠，分成两组，第一组放在贫乏环境里饲养，小老鼠只能靠吃科学家给的食物维持生存，第二组放在丰富环境里饲养，小老鼠们可以尽情玩耍，捕食。3个月后，丰富环境组里的小老鼠们，整体看起来活泼好动，机灵敏捷；

而贫乏环境里的小老鼠们，呆滞笨拙，反应缓慢。之后科学家解剖了两种大脑，发现在丰富环境里成长的小老鼠们，大脑皮层在厚度、蛋白质含量、细胞大小上，都比另一组先进得多。

这说明什么呢？小朋友不管多小，每一次接触到的新风景、新事物，都会转化成他们的知识储备、性格储备，影响甚至决定着他们的未来。

在旅途中，两个宝宝难免有情绪不好的时候，但好父母都是锻炼出来的，这样的事何尝不是在帮助身为家长的我们成长；而且，和两个宝宝一起旅行的快乐，要远远大于他们带来的麻烦。

未来不管孩子们会不会记得这些旅行的片段我不知道，但我能知道的是，现在的他们虽然还不太会表达，但已经能从照片中辨认出他们接触过的事物以及去过的地方了呢。今后的日子里，我们会带他们走更多的地方，让他们小脑袋里的世界地图越来越大。

第一次为人母，还有很多要学习和积累的地方。今后，我会以身作则，更努力也更用心地去生活。认真对待和他们在一起的每一天。亲爱的妈妈们，让我们一起在"和小朋友共同成长"这段甜蜜的冒险中携手并进吧！关于宝宝成长的方方面面，也欢迎多多跟小 yo 来交流。

最后再次感谢我的家人，团队里的每一个人，还有这本书的策划编辑李文瑶女士，有你们的支持和鼓励，才有这本书的完美诞生。在未来的日子，我会更加努力，为大家带来更优质实用的内容。

WITH FASHIONABLE ATTITUDE
坚持时尚的态度——孕期肌肤也光彩